数学建模方法及应用研究

杨 翠 樊炳倩 著

东北林业大学出版社
Northeast Forestry University Press
·哈尔滨·

图书在版编目（CIP）数据

数学建模方法及应用研究/ 杨翠，樊炳倩著.— 哈尔滨:
东北林业大学出版社，2023.6

ISBN 978-7-5674-3209-3

Ⅰ.①数… Ⅱ.①杨… ②樊… Ⅲ.①数学模型—研究

Ⅳ.①O141.4

中国国家版本馆CIP数据核字(2023)第119482号

责任编辑：姚大彬

封面设计：郭　婷

出版发行：东北林业大学出版社

　　　　　（哈尔滨市香坊区哈平六道街 6 号　邮编：150040）

印　　装：北京四海锦诚印刷技术有限公司

开　　本：787 mm×1092 mm　1/16

印　　张：13

字　　数：300千字

版　　次：2024 年 3 月第 1 版

印　　次：2024 年 3 月第 1 次印刷

书　　号：ISBN 978-7-5674-3209-3

定　　价：78.00元

前　言

随着科学技术的发展和社会的进步，数学的应用不仅在工程技术、自然科学等领域发挥着越来越重要的作用，而且以空前的广度和深度向生物、医学、金融、交通、人口、地质等新的领域渗透。然而，一个实际问题往往不是自然地以现成的数学问题形式出现的，要用数学方法解决它，关键的一步是用数学符号、数学式子、图形等对其本质属性加以抽象和描述化，即建立数学模型，简称数学建模。在此基础上才有可能利用数学的理论和方法进行深入的研究，从而为解决现实问题提供定量的结果或有价值的指导。

本书是数学建模方法及应用研究方向的著作，采用理论与实践结合的方式进行研究，本书从数学建模的基础理论与常用方法介绍入手，针对数学建模的概念、分类、步骤、计算思想、建模作用以及常用的六种方法进行了分析研究；另外对线性规划方法及其应用、非线性规划方法及其应用、整数规划方法及其应用、微分方程模型和差分方程模型的方法及其应用做了重点的介绍；最后还剖析了预测预报方法及其应用、综合评价与决策方法及其应用等相关内容。本书论述严谨，结构合理，条理清晰，内容丰富，旨在摸索出一条适合现代数学建模理论与实践的科学道路，帮助工作者运用科学方法，提高数学模型实际应用的效率。

在本书的策划和撰写过程中，作者参阅了国内外有关的大量文献和资料，从其中得到启示；同时也得到了有关领导、同事、朋友及学生的大力支持与帮助，在此致以衷心的感谢。由于科学技术发展非常快，本书的选材和撰写还有一些不尽如人意的地方，加上作者学识水平和时间所限，书中难免存在不足，敬请同行专家及读者指正，以便进一步完善提高。

本书由河北工程技术学院杨翠、樊炳倩著。具体编写分工如下：杨翠负责第一章至第四章的编写（共计15万字），樊炳倩负责第五章至第八章的编写（共计15万字）。杨翠负责全书的统稿和修改。

目　　录

第一章　数学建模的基础理论

第一节　数学模型的基本概念

数学是研究现实世界数量关系和空间形式的科学，数学的特点不仅在于其概念的抽象性、逻辑的严密性，还在于其应用的广泛性。随着科学技术的发展，特别是电子计算机的广泛应用，数学的地位发生了很大的变化，数学已不仅仅是数学家和少数物理学家、天文学家、力学家等人手中的"神秘武器"，它越来越深入地应用到各行各业之中。建立数学模型，求解数学模型，成为处理各种实际问题，实现精确化、定量化、数学化的重要工具。

数学建模是联系数学和实际问题的桥梁，建立数学模型的过程，就是把错综复杂的实际问题简化、抽象为合理的数学结构的过程。

一、模型

在现代社会，模型是无处不在的，例如汽车模型、飞机模型、人体模型、建筑模型等。

模型是一种结构，是为了某种特定目的将原型的某一部分信息简缩、提炼而得出的对原型的模拟或抽象，它是原型的替代物，是对原型的一个近似反映，是帮助人们进行合理思考的工具。模型必须能够反映问题的某些特征和要素，模型在人类生活、科学技术、工程实验中具有重要作用，正是有了模型，人们才可以方便顺利地解决各种问题，达到某种目的。

模型的目的性是需要特别搞清楚的，模型与原型是一对对偶体。原型是指人们看到或客观存在的实际对象；模型不是原型原封不动的复制品，它只反映与某种目的有关的那些方面和层次，模型的基本特征由构造模型的目的所决定。

模型有各种形式，按照模型替代原型的方式分类，模型可以分为形象模型（物质模型)和抽象模型(理想模型),前者包括直观模型、物理模型等,后者包括思维模型、符号模型、数学模型等。

二、数学模型

数学模型是一种抽象模型。例如,定积分模型 $\int_a^b f(x)\mathrm{d}x$,代数方程模型 $x^3-10x+1=0$,线性方程组模型 $Ax=b$,牛顿第二运动定律数学模型 $F=m\dfrac{\mathrm{d}^2x}{\mathrm{d}t^2}$,等等。

现在数学模型的描述性定义很多,一种说法是,数学模型是针对现实世界的特定对象,为了一定目的,进行必要的简化和假设,运用数学的符号、关系式等,概括表达问题的数量关系和空间形式的一种工具。

《数学》(牛津通识读本)中指出:数学研究的对象只是有关现实世界的数学模型,数学模型可能并不真是相应的现实世界,而只是它的一个近似的代表与反映。

其实,数学模型的概念十分广泛,有时数学模型也指各种数学关系式、程序、图表、表格等。

作为一种数学思考问题的方法,数学模型或者能够解释特定现象的现实性态,或者能够预测所研究问题的未来发展状况,或者能够提供处理实际对象的最优决策。

数学模型并不是新的事物,它伴随着人类发展的脚步,自从有了数学并可以用数学解决实际问题开始,就有了数学模型。数(整数、有理数、分数、实数等)模型、几何图形、方程模型、数学规划模型,从简单到复杂,从低级到高级,在数学发展的过程中,数学模型发挥了越来越重要的作用。

数学模型是应用数学思考问题的方法,运用数学知识解决实际问题的工具。因此,数学思维、数学知识是掌握数学模型,进而解决实际问题的前提,没有长时间的数学思维训练,没有广博的数学知识,没有严格的治学态度,是很难驾驭数学模型这一工具的。数学模型的学习和使用有着与以往数学学习不同的特点,数学模型因问题的不同而异,实际问题因不同角度、不同目的要求常用不同的数学模型描述。学习时,要大量阅读、思考各种数学模型的建立过程,自己动手,亲身体验。

三、数学建模

数学建模,就是建立数学模型的全过程,大致说来,这一过程可以分为表述、求解、解释、验证几个阶段,并且通过这些阶段完成从现实对象到数学模型,再从数学模型回到现实对象的循环。这只有针对实际问题,得到了数学模型,并用数学方法(常常使用计算机数值算法)求解,给出量化的解答,才能回答现实对象的问题,进而对实际问题进行分析、预报、决策或控制。

表述是指根据建模的目的和掌握的信息（如数据、现象），将实际问题翻译成数学问题，用数学语言确切地表述出来。

求解即选择适当的数学方法求得数学模型的解答。

解释是指把数学语言表述的解答翻译为现实对象，给出实际问题的解答。

验证是指用现实对象的信息检验得到的解答，以确认结果是否正确。

一般来说，表述是用归纳法的过程，求解是用演绎法的过程，归纳是根据个别现象推断一般规律的过程，演绎则是按照一般原理考察特定对象导出结论的过程。因为任何事物的本质都要通过现象来反映，必然要透过偶然来表露，所以正确的归纳不是主观、盲目的，而是有客观基础的，但往往也是不精细的、带感性的，不容易直接检验它的正确性。演绎是利用严格的逻辑推理，对解释现象、做出科学预见具有重要意义，但是，它要以归纳的结论作为公理化形式的前提，只能在这个前提下保证其正确性。因此，归纳与演绎是一个辩证统一的过程：归纳是演绎的基础，演绎为归纳提供依据。

数学模型是将现实对象的信息加以翻译、归纳的产物，它源于现实，又高于现实，因为它用精确的语言表述了对象的内在特性。数学模型经过求解、演绎，得到数学上的解答，再经过翻译回到现实对象，给出分析、预报、决策、控制的结果。最后，这些结果必须经受实际的检验，完成实践—理论—实践这一循环。如果检验结果正确或基本正确，就可以用来指导实际；否则应重复上述过程，再从不同的角度进行补充信息，修改完善，求解验证。

数学模型在解决问题中的作用是不言而喻的，但必须指出的是，由于建模时采用了大量数据，有的是测量的，有的是将定性的东西经主观量化的，难免有各种各样的失真，这些值都对模型及其求解产生着影响，因此，不加分析地相信模型是不行的。但是，没有模型也是不行的，对于数学模型来说，用模型做试验可以，但是，用建模对象去做试验却要十分慎重。例如，一个经济学数学模型，其求解结果用于做经济试验，甚至指导经济决策时，要考虑到可能造成的一切后果，避免由于轻率而造成的灾难性损失。

总之，数学建模是利用数学方法解决实际问题的一种实践活动，即通过抽象、简化、假设、引进变量等处理过程后，将实际问题用数学方式表达，建立数学模型，运用各种可行的方法特别是计算机技术进行求解，综合运用所学知识分析问题和解决问题。

四、数学建模的美学思考

博大精深的数学有三个特性：抽象性、精确性、应用的广泛性。美国数学家克莱因曾经说过：一个时代的总的特征，在很大程度上与这个时代的数学活动密切相关，在今天我们这个时代尤为重要。他又指出：数学不仅是一种方法、一种语言、一种艺术，数学更主要的是一门有着丰富内容的知识体系，它的内容对自然科学家、社会科学家、哲学家、逻辑学家和艺术家十分有用，同时影响着政治家的观点。数学已经广泛地影响着人类的生活和思想。

古希腊哲学家认为，世界的本源即实体是由质料加形式所构成的，美在于事物的体积的大小和秩序。"秩序和比例的明确"是美的形式特征。确定事物是否美，必须依据量的原则和秩序的原则，把事物各个不同的因素，组成一个和谐统一的整体。

美是自然的一种最大的秘密，是宇宙万物的精髓，美就是一种与世界之普遍和谐的一致。数学家的模式，就像画家或诗人的模式一样，是充满美感的；数学的概念就像画家的颜色或诗人的文字一样，一定会和谐地组合在一起，美感是首要的试金石，丑陋的数学在世界上是站不住脚的。

英国数学家罗素说：数学，如果正确地看它，不但拥有真理，而且有至高的美，这是一种庄重而严格的美，这种美不是投合于我们天性中的脆弱的方面，而是纯净到了崇高的地步，能够达到严格且只有最伟大的艺术才能显示的那种完美的境地。

克莱因在《西方文化中的数学》一书中强调，作为一种宝贵的、无可比拟的人类成就，数学在使人赏心悦目和提供审美价值方面，至少可与其他任何一种文化门类媲美。我们常常把美和艺术联系起来，是的，艺术作品追求美的表现，比如一首诗、一幅画常常能激起我们心灵的美感。

法国数学家庞加莱指出：艺术选择那些最能使艺术形象完整并赋予个性和生气的事实，科学总是选择最能反映宇宙和谐的事实。

爱因斯坦说，人们总想以最适当的方式来画出一幅简化的和易领悟的世界图像。于是，他们就试图用他们的这种世界体系来代替经验的世界，并来征服它。

数学家、哲学家和自然科学家们都是按照自己的方式创造着美的作品，当然也包括数学模型。事实上，数学在很大程度上也是一门艺术，数学和艺术都在恰到好处近似地描绘着这个多姿多彩的世界。

和创造一个有魅力的艺术作品一样，数学建模也是一种创造，而且必须符合美学的原则。在数学建模中，数学模型的美学视角也发挥着重要作用，在建立数学模型的过程之中，它的每个环节都在向我们展示着它的简洁之美、抽象之美、对称之美、奇异之美、统一之美，这些美学原则是建立"好"的数学模型的关键。

数学模型的简洁之美：

追求较少的假设条件——这样，才能使模型与客观实际密切对应，因为合理的假设而对结果产生微不足道的影响，保存了那份"真"；

形式简洁、逻辑清晰——这样的模型往往"好看"，并且可以便于进行精确的计算；

采用尽可能简单的方法——体现了人脑思维和电脑活动经济化的要求；

推出广泛而深刻的结论——使问题脱离物理上的实在，给出符合一些特定规则的符号表达式，利于应用。

数学模型的抽象之美：

透过具象，穿越时空——同样的模型可以研究很多不同的现象；

抽象分析，深入本质——这样才能提取实际问题的重要特征；

描述问题中的关系——暂时与现实世界的具象脱离，在纯粹的数学世界中建立关系，预测和掌握变化趋势，推出具有普遍性的结论。

数学模型的对称之美：

对称，是在一定的变换条件下的不变现象。对一个事物进行一个变动或操作，如果经过操作后，使该事物完全复原，则称该事物对所经历的操作是对称的。

由于操作方式不同有四种对称：恒等、旋转、反射、平移。几何、代数、分析中都存在着大量的对称，对称性在数学建模中也展示了独特的魅力。

数学模型的奇异之美：

①模型的新颖性：创新的模型具有重要的意义和研究的趣味；②方法的创造性：独特的方法其本身就极其具有吸引力；③结果的奇妙性：当结果历经千辛万苦，终于产生出来时。

数学模型的统一之美：

①建模目标的致性：实际问题的客观性决定了它的建模目标是不可分裂的；②数学模型的统性：描述一个问题可能有不同的模型，但彼此之间常常会有着本质的联系；③计算结果的相近性：建立数学模型解决问题时，可能角度不同、方法不同，求解的路径也可能不同，但是，因为问题本身的规律性和客观性，计算结果会在一定允许误差范围内惊人的相近。

数学建模，目的是用数学来解决实际问题，就像解决"一题多解"的应用题，不仅需要数学知识和相关学科领域的背景知识，数学思维也是建立数学模型和解决实际问题的重要基础。

可以说，没有长时间的数学思维训练，没有广博的数学知识，没有一定的数学建模训练，没有对数学建模的美学思考，是很难做出优美的数学模型的。

联想是从一个事物想象到另一事物的心理过程，想象是人们对头脑中感知的形象、表象、加工改造成新形象的心理活动。可以说，没有联想和想象就没有创造，唐代诗人李贺《梦天》中有这样一句诗"遥望齐州九点烟，一泓海水杯中泻"、李白《望庐山瀑布》中有著名的诗句"飞流直下三千尺，疑是银河落九天"，这些诗句都极富想象力。齐白石有一幅名画《蛙声十里出山泉》，背景是远山，近景是一道带有几只蝌蚪的从山间乱石中倾泻出来的急流，画面上我们虽然并没有看到一只大青蛙，却从湍流中活泼生动的小蝌蚪身上"听"见了十里蛙声。大师作画的时候，准确地捕捉了主题，把对象的"形和神"真实生动地表现出来，展示了绝妙无比的想象力，只有经过深入的、准确的分析，充分体会和掌握对象的特殊本质及其特征，才能创造出有魅力、有价值的作品。

开普勒通过计算，发现地球绕太阳运行的轨道与圆形存在较大的误差，从而联想到这个轨道应该是椭圆形的；维纳在麻省理工学院面对美丽的查尔斯河景色时，浮想联翩，这奔腾不息的波浪具有什么数学的规律性呢？于是就产生了维纳过程等数学模型。

关于直觉和灵感，直觉思维是指对于一个问题未经逐步分析，仅仅依据内因的感知迅速对问题做出判断、猜想和设想，或者突然产生的"灵感"和"顿悟"，甚至对答案和结果的"预感""预测"。数学和艺术都离不开直觉和灵感，直觉是非逻辑的，是对事物一种直接的迅速的识别和综合判断，建立数学模型时，要紧紧抓住稍纵即逝的智慧火花——灵感。

关于发散思维，发散思维也称为辐射思维、放射思维、扩散思维或求异思维，是指大脑在思维时呈现的一种扩散状态的思维模式，它表现为思维视野广阔，呈现多维的发散状，这一点和绘画的布置或构图很相似，如中国画讲究大小相间、高下相倾、聚散相应、前后相通的和谐效果，追求意境的创造。对同一类事物的描写，有形式不同的艺术作品，这恰恰表现了艺术家各自的独具匠心、情感和风格。比如，齐白石和毕加索都画过和平鸽，风格迥异；张大千、刘海粟都画过山水画，却有不同的魅力。以不同的数学方法观察和处理同一类问题，它们的数学模型构成也会各有千秋，"横看成岭侧成峰，远近高低各不同"，这句诗可以用来形容从不同角度、用不同方法观察表现对象的数学建模效果。

抽象是人类的一种高级的智慧，是人们在认识活动中，运用概念、判断、推理等思维形式，对客观现实进行间接的、概括的反映。抽象是一种"更高级的直觉"，抽象和直觉都是必不可少的建模思维，构造数学模型的方法似乎更接近于强调表现的现代抽象艺术，在一些现代艺术家眼里，艺术的目的就是把观众放在一种数学性质的状态中，即一种高尚的秩序的状态中。牛顿想象物体之间存在着超距的作用力，于是，他把偌大的天体抽象成质量集中在中心的一个质点，创建了万有引力模型。

总之，一个成功的数学模型，就应该是真的、合理的，善的、有意义的，不仅是美的，而且具有可靠性和适用性。

数学建模时，我们也不必过于追求完美，只要在允许的误差意义下，在符合实际方面可以接受的情况下，完成这个数学模型的建立。甚至一个粗糙的数学模型也能帮助我们更好地理解一个实际的问题，因为建立数学模型时，我们通常受限地考虑了各种逻辑关系，不含混地约定了所有的概念，并且区分了重要的和次要的因素。所以，一个数学模型即使导出了与事实不完全符合的结果，它也还可能是有价值的，因为一个模型的失败常常可以帮助我们去寻找和建立更好的模型。

数学模型之美，是数学思想、数学精神之美，是人类创造性活动的展示，是对世界之美的表达。了解了这一点，可以使我们从思想、方法上更好地建立和应用数学模型。

第二节 数学模型的基本分类

一、数学模型的分类

数学模型可以按照问题本身所处的领域和解决问题的方法，以及按照人们的各种不同意愿等进行分类。

(一)按照变量的性质分类

根据所设的变量是确定的还是随机的，可将模型分为确定性模型和随机性模型。

根据所设的变量是连续的还是离散的，可将模型分为连续模型和离散模型。

根据所设变量之间的基本关系，可将模型分为线性模型和非线性模型。

根据问题中是否考虑时间因素所引起的变化，可将模型分为静态模型和动态模型。

(二)按照建立模型的数学方法(或所属的数学分支)分类

数学模型可分为初等数学模型、几何模型、微分方程模型、运筹学模型、概率模型、统计模型等。我们将重点按这种分类来学习数学建模，即如何应用已具备的基本数学知识，在各个不同领域中进行实际问题的数学建模。

(三)按照模型的应用领域(或所属学科)进行分类

数学模型可分为经济模型、人口模型、生态模型、交通模型、环境模型、资源模型、再生资源利用模型、政治模型、军事模型等；范畴更大一些，则可形成许多边缘学科，如生物数学、医学数学、地质数学、社会数学模型等。

(四)按照建模目的分类

数学模型可分为描述模型、分析模型、预报模型、决策模型、控制模型等。

(五)按照对研究对象的了解程度分类

数学模型可分为白箱模型、灰箱模型、黑箱模型。

这种分类是把所研究的对象比喻为一只箱子里的机关，通过数学建模来揭示它的奥秘。

白箱主要包括用力学、热学、电学等一些机理相当清楚的学科所描述的对象以及相应的工程技术问题，这方面的模型大多已基本确定，需要进行深入研究的主要是优化设计和最优控制等问题。

灰箱主要指生态、气象、经济、交通等领域中机理尚不十分清楚的现象，在建立和改善模型方面都还不同程度地有许多工作要做。

黑箱主要指生命科学和社会科学等领域中一些机理（指数量关系方面）很不清楚的现象。

有些工程技术问题虽然主要基于物理、化学原理，但由于因素众多，关系复杂和观测困难等原因，也常作为灰箱或黑箱模型处理。

白箱、灰箱、黑箱之间并没有明显的界限。随着科学技术的发展和人们认识程度的加深，箱子的"颜色"将呈现由暗到亮的渐变。

二、运筹学模型简介

运筹学即通常说的最优化技术，它广泛应用于机械、电力、电子、计算机、自动化、纺织、化工、石油、冶金、矿山、汽车、建筑、水利、交通运输、邮电通信、环境保护、轻工、农业、林业、商业、国防、政府部门等各个方面，可以说无所不在；它可以解决诸如最优计划、最优分配、最优设计、最优管理、最优决策等各种问题。运筹学主要包括确定型、概率型两大类模型。运筹学包括下列问题：线性规划、整数规划、目标规划、非线性规划、动态规划、图与网络分析及排队论、存贮论、对策论、决策论，其中决策分析，即是运筹学中最典型的、应用最广泛、最有发展前景的一个概率型模型。

应用运筹学解决实际问题，具有下列一些特点：

第一，从全局的观点看问题，追求总体效果最优。

第二，通过建立和求解数学模型，使问题在量化的基础上，做出合理的决策。数学模型中应用最多的，还有形象模型、模拟模型、符号模型等。

第三，多学科交叉，这也体现了数学建模总体思想。因为要解决的实际问题来自各行各业不同的领域，因此在建立与求解模型时，不可避免地要涉及各方面的科学技术知识和方法，尤其是那些大而复杂的系统，往往是政治、经济、技术、社会、心理、生态等多种因素交织在一起，再加上决策者的参与，多学科交叉的特点十分明显。

第四，与计算机密切相关。运筹学模型，只有借助计算机计算，才能从理论学科成为应用学科，由于需要大量计算，没有计算机，单靠手算是根本不行的。

运筹学模型中，规划论是最重要的。规划，指数学规划，规划是数学中的概念，指的是一种数学模型，通常是解决下列问题：如何进行合理安排，使人力、物力等各种资源能够得到充分利用，发挥最大的效益。

第三节 数学建模的步骤

一、建立数学模型的主要方法

一般说来，建立数学模型主要采用两种方法：机理分析法和测试分析法。

机理分析法是根据客观事物的特性，分析其内部的机理，找出因果关系，再在适当的简化假设下，利用合适的数学工具得到描述事物特征的数学模型，建立的模型常有明确的物理或现实意义。

测试分析法是将研究对象视为一个"黑箱"系统，人们一时得不到事物的内部特征机理，可以通过测试系统的输入输出数据，并以此为基础，运用统计分析方法，对这些数据进行处理，按照事先确定的准则在某一类模型中选出一个与数据拟合得最好的数学模型。

将两种方法结合起来也是常用的建模方法，即用机理分析法建立数学模型的结构，用测试分析法确定模型中的参数。

用哪种方法建模主要是根据我们对研究对象的了解程度和建模目的决定的，如果已经掌握了一定机理方面的知识，所建模型要求具有反映内部特性的物理意义，那么，应该以机理分析方法为主。当然，如果需要模型参数的具体数值，还可以用其他统计方法得到，如果对研究对象的内部机理基本上不掌握或不清楚，所建模型也不要求用于分析内部特性，比如，仅用来做输出预报，则可以以测试分析方法为主。测试分析方法也叫作系统辨识，它是一门专门学科，需要一定的控制理论和随机过程方面的知识。

二、建立数学模型的主要步骤

建立数学模型需要哪些步骤并没有固定的模式，下面只是按照一般情况，给出建模的大体过程。

(一)建模准备

首先要了解问题的实际背景、明确建模的目的，搜集对象的各种信息，如现象、数据等，弄清所研究对象的特征，由此初步确定用哪一类模型，总之是做好建模的准备工作。这一步往往要查阅大量资料，遇到问题要了解有关的知识，尽量对问题有透彻的了解。

(二)模型假设

根据实际对象的特征和建模的目的，对问题进行必要的、合理的简化，并且用精确的语言做出假设，是建模的关键一步。一般来说，一个实际问题不经过简化假设就很难翻译成数学问题；即使可能，也很难求解。

数学模型反映了研究对象在量的方面的某种本质特征，从量的方面描写自然、社会的具体事物和现象。数学建模的关键就要是要抓住主要矛盾，揭示事物和现象内在的数量规律。也就是说要找出影响特征的主要因素，抛弃次要因素。如果我们考虑的因素太多，模型太复杂，就不易处理；如果舍去的东西太多，模型虽然简单，又可能不符合实际，所以取舍或选择要力求抓住主要矛盾，反映事物的本质。

不同的假设会得到不同的模型。假设做得不合理或过分简单，会导致模型失败或部分失败，于是应该修改或补充假设；假设做得过分详细，试图把复杂对象的各方面因素都考虑进去，可能很难甚至无法继续下一步的工作。通常，做假设的依据，一是出于对问题内在规律的认识，二是来自对数据或现象的分析，也可以是两者的综合。做假设时既要运用与问题相关的物理、化学、生物、经济等方面的知识，又要充分发挥想象力、洞察力和判断力，善于辨别问题的主次，果断地抓住主要因素，舍弃次要因素，尽量将问题线性化、均匀化。

假设作为数学建模的一个重要步骤，有时候是理想化的，是为了处理问题的方便提出来的。通过假设把对象相应的性质近似地刻画出来，进而反映它的本质。必须强调的是，假设必须有足够的合理性。如果假设超出客观实际和常识太远，常常会导致做出的数学模型没有意义、没有价值。

(三)建立模型

建立模型是指根据所做的假设分析对象的因果关系，利用对象的内在规律和适当的数学工具，构造各个量之间的等式或不等式关系或其他数学结构。为了完成这项数学建模的主体工作，除了需要相关学科的专门知识外，还需要比较广阔的应用数学方面的知识，以拓展思路。可以说任何一个数学分支都可能用到建模过程中，当然并不要求对数学分支学科门门精通，而是要知道这些学科各自能解决哪一类问题以及大体上怎样解决。相似类比法，即根据不同对象的某些相似性，借用已知领域的数学模型，如微积分、微分方程、线性代数、概率统计、运筹学等，是构造数学模型的一种方法。建立数学模型时还应遵循的一个原则：尽量采取简单的数学工具，以便使更多的人能够了解和使用。

（四）模型求解

可以采用任何一种数学方法，如解方程、画图形、证明、逻辑运算、数值计算与仿真等传统和现代的方法，有针对性地使用并求解。这里要特别强调数值计算方法，即用计算机算法求解所建立的数学模型。

（五）模型分析

对求得的结果进行数学上的分析，有时要根据问题的性质，分析变量之间的依赖关系或稳定性态；有时是根据所得结果给出数学上的预报。无论哪种情况，还常常需要进行误差分析，分析模型对数据的稳定性或进行灵敏度分析等。

（六）模型检验

把数学上分析的结果翻译回到现实问题中，并用实际的现象、数据与之比较，检验模型的合理性和适用性。显而易见，这一步对数学建模成败十分重要，但并不是所有模型都要接受实际的检验。

如果检验结果不符合或部分不符合实际情况，那么我们必须回到建模之初，修改、补充、假设、重新建模，有些模型要经过几次反复、不断的完善，直到检验结果获得某种程度上的满意。

（七）模型应用

对数学模型应用的方式取决于问题的性质和建模的目的，应当指出的是，并非所有数学建模都要经过上述这些步骤，有时各个步骤之间的界限也并不那么明显。因此，建模时不应拘泥于形式上的按部就班，重要的是根据实际研究对象的特点和建模的目的，采取灵活的表述方式。

第四节 计算的基本思想和计算机仿真

一、计算的基本思想

实际问题建模以后，一般来说可以用适合的任何数学方法求解，但由于问题的复杂程度不同，因而，并不是所有问题都能手算或推理求出精确解，常常需要借助计算机，使用数值计算方法进行求解。作为数学的一个重要分支，数值计算是一套完整的理论，在数学建模时，学习一些基本的、常用的数值计算方法十分必要。只有了解算法的基本思想，达到触类旁通的目的，才能在求解数学模型时得心应手。

（一）计算的本质

计算，作为人类社会生活、生产中总结发展起来的一门知识，经历了漫长的发展阶段，人们为了核算数目，需要根据已知量算出未知量。

计算，是人们每天都在反复做着的事，运算、谋划、考虑、算计、谋虑，都包含计算的思想。计算，是数的概念与数学思维发展的产物。可以说，计算一直是数学的核心。

数学建模与计算有着不可分割的联系，计算主要有两大类：数值计算和符号推导。

数值计算包括实数和函数的加、减、乘、除，幂运算、开方运算，方程的求解等，许多复杂的模型常常需要数值计算进行求解。

符号推导包括代数与各种函数的恒等式、不等式的证明，各类命题的证明等。

无论是数值计算还是符号推导，它们在本质上是等价的、一致的，即两者是密切关联的，可以相互转化，具有共同的计算本质。

计算，就是通过确立演化规则从而产生新的信息，编程语言只是对演化规则的描述而已。

（二）算法及其性质

算法是求解某类问题的通用法则或方法，即符号串变换的规则，用计算机求解数学模型时，需要简化一系列的算术运算、逻辑运算。

算法，即用计算机能够执行的基本运算（加、减、乘、除和逻辑运算），对实际问题所建立模型求出近似解的方法，也叫数值算法，概括地说，"算法"是指解题方案的准确而完整的描述。

由于计算机只能机械地执行人的指令，它本身不会主动地进行思维，也不可能发挥任何创造性。因此，在用计算机解决实际问题之前，必须进行程序设计。但算法并不等于程序，也不等于单纯的计算方法，程序可以作为算法的一种描述，它要受到计算机系统运行环境的限制，作为一个算法，它必须具备四个特征。

1. 可行性

算法的可行性包括两个方面：一是算法中的每一个步骤必须是能实现的。例如，在算法中，不允许出现分母为零的情况；在实数范围内不能求一个负数的平方根等。二是算法执行的结果要能达到预期的目的。通常，针对实际问题设计的算法，人们总是希望能够得到满意的结果。

2. 确定性

算法的确定性，是指算法中的每一个步骤都必须是有明确定义的，不允许有模棱两可的解释，也不允许有多义性。这个特征反映了算法与数学公式的明显差异，在解决实际问题时，可能会出现这样的情况：针对某种特殊问题，数学公式是正确的，但按此数学公式设计的计算过程可能会使计算机系统无所适从。这是因为，根据数学公式设计的计算过程只考虑了正常使用的情况，而当出现异常时该计算过程就不能适应了。

3. 有穷性

算法的有穷性是指算法必须能在有限的时间内执行完，即算法必须能在执行有限个步骤之后终止。例如，数学中的无穷级数展开，在算法设计中只能取有限项，即计算无穷级数的过程只能是有穷的。因此，一个数的无穷级数的表示只是一种计算公式，而根据精度要求确定的计算过程才是有穷的算法。

算法的有穷性还应包括合理的执行时间的含义，如果一个算法的执行时间是有穷的，但却需要执行千万年，显然这就失去了算法的实用价值。例如，克莱姆法则是求解线性代数方程组的一种数学方法，但不能以此为算法，这是因为，虽然总可以根据克莱姆法则设计出一个计算过程用于计算所有可能出现的行列式，但这样的计算过程所需的时间是不能容忍的。虽然这个计算过程是有限的，但所需的计算时间超出了可以允许的长度，因此，可能毫无实用价值。

4. 足够准确的信息

一个算法是否有效，还取决于为算法的执行所提供的情报是否足够准确。一个算法的执行的结果总是与输入的初始数据有关，不同的输入将会有不同的结果输出。如果输入不够或输入错误，则算法本身也就无法执行或执行有错。一般来说，只有当算法拥有足够准确的情报时，该算法才是有效的；而如果提供的信息不够或有误，则算法并不是有效的。

综上，所谓算法，是一组严谨地定义运算顺序的规则，并且每一个规则都是有效的且是明确的，此顺序将在有限的次数下终止。

进行数值计算，就是实现某个数值算法获得结果的过程。现在，有许多算法都配有计算机程序，可以在求解数学模型时使用。当然，使用时还要从算法分析的角度选择通用、收敛、稳定且符合计算复杂性的算法，以保证求解结果的真实可靠。

(三)基本数学模型及常用算法

数学建模时，常常需要用到一些基本的数学模型，并使用相应的算法进行求解。常用的基本数学模型有以下几种。

1. 线性方程组模型

$Ax = b$，其中，$A \in R^{n \times n}$，$b \in R^n$。

常用算法：

（1）直接法

高斯消去法、列主元素高斯消去法、矩阵的三角分解法、矩阵的 QR 法等；

（2）迭代法

雅可比迭代法、高斯-塞德尔迭代法、松弛迭代法等。

2. 矩阵特征值

$A \in R^{n \times n}$ 存在 λ，x，使 $Ax = \lambda x$，则称 λ 为矩阵特征值，x 为对应于 λ 的特征向量。

常用算法：计算绝对值最大的特征值的乘幂法，求对称矩阵特征值的雅可比方法，QR 法等。

3. 非线性方程与方程组数学模型

$$f(x) = 0, \ x \in R^n, \ f \in R^n, \ n = 1, 2, \cdots, k。$$

常用算法有简单迭代法、牛顿法、拟牛顿法等。

4. 离散数据连续化模型

由离散数据建立连续函数 $f(x) \approx p(x)$。

常用算法：插值法和曲线拟合的最小二乘法。

5. 微分和积分模型

$$\int_a^b f(x)dx \ 和 \ f'(x)$$

常用算法有牛顿-柯特斯算法、高斯积分法等。

6. 常微分方程模型

$$\begin{cases} \dfrac{\mathrm{d}y}{\mathrm{d}x} = f(x, y) \\ y(x_0) = y_0 \end{cases}$$

常用算法：欧拉法、龙格－库塔法、阿当姆斯预报－校正法等。

7. 优化模型

（1）线性规划模型

$$\max \text{（min）} C^{\mathrm{T}} x$$

$$\text{s.t.} \begin{cases} Ax \leqslant b \\ x \leqslant 0 \end{cases}$$

其中

$$C = \left(c_1, \ c_2, \cdots, \ c_n \right)^{\mathrm{T}}, \ x = \left(x_1, \ x_2, \cdots, \ x_n \right)^{\mathrm{T}}, \ A = \left(a_{ij} \right)_{m \times n}, \ B = \left(b_1, \ b_2, \cdots, \ b_m \right)^{\mathrm{T}}, \mathbf{0} = (0, 0, \cdots, 0)_{1 \times n}^{\mathrm{T}}$$

常用算法：单纯形法等。

（2）整数规划模型

$$\max C^{\mathrm{T}} x$$

$$\text{s.t.} \begin{cases} Ax = b, \\ x \geqslant 0, \ x_1, \ x_2, \cdots, \ x_q \ \text{为整数} \end{cases}$$

其中，C, $x \in R^n$, $A \in R^{m \times n}$, $b \in R^m$，当 $q=0$ 时，即决策变量解除整数的限制时，为一般的线性规划，当 $1 < q < n$ 时，叫作混合整数规划，当 $q=n$ 时，叫作整数线性规划。

常用算法：枚举法、割平面法等。

学习这些基本的数学模型及其求解方法，可以为处理复杂的数学建模问题提供思路。

数字化的今天，人们把越来越多的计算分析任务交给了计算机去完成，以往人们在从事数值计算时，总是先找出计算方法，再用 C 语言等编制计算机程序，然后通过计算机得出数值结果，即使在今天，这也是科学计算的总体思路。随着计算技术的发展，人们曾梦想有一个计算机数学系统（软件），当输入一个数学公式、一个方程组、一个矩阵等之后，计算机可以按照人的要求直接给出结果，而无须用户去考虑方法以及中间步骤，整个过程就像人们天天使用的手持计算器一样简单。

这种计算机数学系统主要指科学计算软件，它是面向一个或一类特定的科学计算用户需求的软件系统。

由于科学计算的内容除了传统的数值方法外，还包括符号运算、公式推导和逻辑推理、函数作图等。因此，科学计算软件大致有以下几个功能模块组成：①基本科学计算模块，其功能是有效、可靠地完成各种基本科学计算，如大型矩阵计算、插值、逼近、求解非线性方程组、目标函数优化等；②面向不同工程对象的科学计算需求的模块，如结构分析、信号处理、大规模集成电路辅助设计等；③符号计算与机器证明模块，它能完成各种公式推演、符号计算、数值计算与定理证明；④系统仿真、控制模块。

近年来，国际上出现的计算机数学系统有上百种，它们大体可分为两大类：

第一类为通用系统，具有数值计算、符号计算和图形功能，有适合于从工作站到微机使用的多种版本，系统由符号计算语言和若干软件包组成。典型的通用符号计算系统有：Mathematica，Matlab，Maple V，Mathcad，Reduce，Masyma，Derive，Axiom，Splus，CASC 等。

第二类为专用系统，这类系统是为了解决数学、物理、理论化学或其他学科中的问题而专门研制的。例如：用于概率统计的 SAS，Statistica，Spss，用于运筹学的 LINDO，OSL，用于数学应用的中文软件应用数学软件包，用于量子电动力学的 ASHMEDAI，用于月球理论和广义相对论的 CAMAL，用于张量处理的 SHEEP，用于求有理函数方程解的 AL-TRAN，等等。

现在，数学家、工程师、科研工作者已经开始用新一代计算机数学系统代替纸和笔进行计算，熟练地使用数学软件已成为现代大学生必须具备的能力。

从各种各样的实际问题中抽象出来的数学模型，用传统的手工求解不但烦琐而且极易出错，耗时巨大，若采用现有的数学软件，则极其方便。例如，要计算一个8阶矩阵的特征根，手工计算可能要用一整天的时间，还很容易出错；如果用高级语言如 C++ 等编写算法程序，准备工作量也很大；如果采用 Matlab，Mathematica，Maple 等符号计算软件，则在几分钟内就可以得到结果。

二、计算机仿真

计算机仿真也叫计算机模拟。仿真是对真实事物的模拟，通过数学模型使现象再现，是解决实际问题的一种有效途径。计算机仿真是用计算机对一个复杂系统的结构和行为进行动态演示，以评价或预测一个系统的行为效果。计算机仿真根据实际系统或过程的特性，按照一定的数学规律用计算机程序语言模拟实际系统的运行状况，通过数值实验的方法，根据大量模拟结果对系统或过程进行定量分析。

仿真具有两个特点：①所谓模型化。当能够用数学公式表达现象时，可以把变量间的关系写成方程等表达平衡关系，变量有确定的，也有随机的；有动态平衡，也有静态平衡，确定这个系统中的量与量之间的关系，就是模型化。②所谓近似性。由于实际系统的复杂，多数问题是非线性的，甚至是随机的，在用数值实验的方法再现实际现象时，有时模型只不过是实际现象的近似，会有不同程度的差别。有时候，甚至解析的模型是困难的，因此，仿真，或者说模拟是近似地对现象的再现，只是期待把误差控制在允许的范围之内为好。

计算机仿真有明显的优点：成本低、时间短、重复性高、灵活性强。计算机仿真与数学模型之间既有联系又有区别。数学模型是在某种意义下揭示研究对象内在特性的数量关系，其结果容易推广，特别是得到解析形式的答案时，更具有广泛性；而计算机仿真则完全模仿研究对象的实际演变过程，难以从得到的数字结果分析对象的内在规律。而对于那些内部机理过于复杂，难以建立数学模型的实际对象，用计算机模拟可以获得一些期待的结果。

（一）需要进行计算机仿真的问题

大多数自然现象和各种实际问题，与其有关的变量中相当一部分是不能够控制或掌握的量，有的是随机的，有的是非线性的。例如，有时假设条件和数据发生些许的变化，都可能使结果发生很大的变化，这说明系统不稳定。计算机仿真在下列情况有重要的运用：①难以用数学公式表示的系统，或者没有建立和求解数学模型的有效方法；②虽然可以用解析的方法解决问题，但是数学分析与计算过于复杂，计算机仿真常常能提供简单可行的求解方法；③如果想在较短的时间内观察到系统发展的全过程，并估计某些参数对系统行为的影响，需要进行计算机仿真；④当难以在实际环境中进行实验和观察时，计算机仿真是唯一可行的替代方法，例如太空飞行的研究；⑤需要对系统或过程进行长期运行比较，从大量方案中寻找最优方案时，需要采用计算机仿真。

（二）计算机仿真步骤

计算机仿真的步骤大致包括以下四个部分。

1. 系统分析

明确问题和对总体方案有深刻的认识。首先，把被仿真的系统的内容要表达清楚，搞清楚仿真的目的、系统的边界，确定问题的目标函数和可控变量，并建立一定的数量关系，找出系统的实体、属性和活动，描述子系统与总系统的关系。

2. 模型的构造

模型的构造包括建立模型、收集数据、编写程序、程序验证和模型确认等。建立模型就是选择合适的仿真方法，确定使用时间步长法还是事件步长法等。确定系统的初始状态，设计整个系统的仿真流程图，并根据需要收集、整理数据，编写计算机程序并进行调试。

3. 模型的运行与改进

首先确定一些具体的运行方案，例如，初始条件、参数、步长、重复次数等，然后，输入数据，运行程序，将得到的仿真结果与实际系统进行比较，进一步分析和改进模型，直到符合实际系统的精度和要求。

4. 设计格式输出仿真结果

计算机仿真是为了对一个系统的结构和行为进行动态演示，因此，要以安全、经济的方式获得系统或过程的数量反应结果。需要提供用户需要的文件清单，记录重要的中间结果，便于了解整个仿真过程后分析和使用仿真结果。

（三）计算机仿真的时间步长法

计算机仿真的时间步长法就是按照时间流逝的顺序，一步一步地对系统的活动进行仿真。首先把这个过程分为许多相等的时间间隔，时间步长的单位可以根据实际问题需要分为秒、分、小时等。程序中以此步长作为仿真的时钟，按照该步长前进。通常选取系统的一个初始状态作为仿真时钟的零点，仿真时钟每步进一次，就对系统的所有实体、属性和活动进行一次全面的扫描和处理，按照规定的计划和目标进行分析、判断、计算，并记录系统状态的变化，直到仿真时钟结束为止。

（四）计算机仿真的事件步长法

计算机仿真的时间步长法进程清楚，在规定的时间顺序下记录系统的变化。但是，如果系统有随机因素影响时，时间步长很难选取。时间步长大时精度不够，时间步长小时仿真速度太慢、浪费大。因此，可以从另一个角度，以事件发生的间隔作为仿真的步长。

事件步长法以事件发生的时间作为增量，按照时间的推进，一步一步地对系统的行为进行仿真，直到预定的时间结束为止。

事件步长法中常用的是事件表法。根据事件出现的时序，用记录事件表的表格来调度事件执行的顺序。事件表好像一个记事簿，干完一件事后就把它从记事簿中勾销，把需要继续完成的工作再登记到记事簿中相应的地方加以记载，以此使得系统的仿真过程有条不紊地进行下去。

（五）蒙特卡洛法

所谓蒙特卡洛法是对某个问题做出一个适当的随机过程，把随机过程的参数用由随机样本计算出的统计量的值来估计，从而由这个参数找出最初所诉问题中的未知量的方法。现象是随机的，可以直接把它数值化进行计算机仿真；如果现象是确定的，也可以适当地设定随机性从而应用这个方法解决问题。

第五节　数学建模的作用

　　数学建模可以解决科学技术、社会生活、工业生产、政治军事、经济管理、文化生活等各个领域中方方面面的大量实际问题，在调用各种数学知识，综合运用各种方法，"用数学"方面，对于掌握现代数学技术、运用计算机进行科学计算，具有重要作用。特别强调的是，由于数学建模没有完全既定的模式，所以在不断修改错误、完善模型的过程中，可以培养人们求真务实的科学态度和团结合作的创新精神。

一、数学素质透视

　　所谓素质，是先天遗传和后天培养的人的身心特点的综合的、内在的、整体的体现。人的素质包括多方面的内涵，数学素质是人的基本素质的重要组成部分，数学素质是一个人的数学能力通过各种活动的综合体现和反映。具体表现在：①对待问题善于从量的方面进行辨识、抽象、归纳和总结；②应用数学的意识、兴趣和思维；③具有抽象性、逻辑性和严谨性；④能运用计算机进行科学计算、分析研究、处理问题，并取得质的效果和实践的认同；⑤勇于拼搏、意志坚强、理性精神和创新能力。

　　数学建模的过程，对提高人的数学素质具有重要的意义：①培养洞察力、抽象能力。通过提出问题，抓住实质，调用各种数学知识分析求解，培养用数学手段解决实际问题的能力。②培养数学思维，增强数学意识。实际问题常常是非常规的，没有标准答案，只有发挥创造性，通过判断、解释，将陌生的和熟悉的东西建立起联系，才能在看似无序的状态中找出结构。③培养综合运用各种知识的能力，"将零乱的砖块砌成宫殿"，体会数学是伸手可及的。④培养应用计算机求解数学问题的能力，运用计算机的强大功能，善于进行数据处理、过程模拟、分析求解，实现数学与计算机的结合。⑤培养交流合作、团结创新的精神。数学建模经常需要多个人方方面面的合作，集思广益，分工负责，合作交流，通过数学建模可以陶冶情操，培养科技攻关能力。⑥培养求真务实的科学态度。数学建模中失误和挫折在所难免，在修改、补充、完善模型的过程中，可以体会科学研究的过程，在不断修改错误、发现真理的过程中，锻炼意志品质，不畏艰难，克服恐惧、依赖心理，大胆创新，增强独立思考、开拓创新能力。⑦培养查阅文献、收集资料和网络信息的能力以及撰写科技论文的文字表达能力。⑧培养对数学的好奇心、想象力和自信心。

二、数学建模在科学技术和各行各业中的应用

①解决工程技术中的各种实际问题；②解决城市社会生活与城市规划中的各种问题；③解决公用设施（连锁店、银行等）布局的最优化问题；④解决生活中衣、食、住、行中的农物下料、食谱设计、小区规划、交通线路安排等；⑤解决工农业生产中，如土地的最有效利用、勘探打井、天车调度、最优捕鱼策略、生产计划、产品运输销售等问题；⑥解决航天航空、行星运行轨道、卫星发射、晶体分类、生物遗传、人口生态、生存竞争等问题；⑦研究战争和演习中的指挥决策、雷达跟踪、军事供给、无线电通信等；⑧解决经济金融、计算机网络、压缩数据、磁疗技术、生物医学、天气预报、证券股票分析等。

第二章　数学建模的常用方法

第一节　类比分析法

若两类不同的实际问题可以用同一个数学模型进行描述，则称这两类问题可以进行类比。类比分析法就是根据两类问题的某些相似属性，去推论这两类问题的其他属性。下面用例子来说明如何运用类比分析法。

养老保险基金问题：当今社会，年轻人参加工作时就应该建立养老保险基金。建立养老保险基金时，可一次性存入一笔钱，然后从每月的工资中交纳一部分钱，到60岁退休后可以动用。问退休后每月从养老保险基金中提取多少钱最为合适？

问题分析：每月从养老基金中提取多少钱最为合适等同于把养老基金分多少年拿最为合适。分10年拿，70岁以后就没有生活费了；分30年拿，人离世了还没拿完。这两种做法都不太合适。因此，每月拿多少钱和拿多少年这两个目标是相互制约的，每月多拿就少拿几年，每月少拿就多拿几年；同时也与每月存多少钱有关系，存的多拿的也多。

模型构成与求解：

设建立养老保险基金时，一次性放入 A_0 元，以后每月交 x 元，月利率为 r。N 个月后退休。用 $A_j(j=1,\cdots,N)$ 表示第 j 个月时所存入的养老保险基金总数。从第 $N+1$ 个月开始领取养老保险基金，每月领取 y 元，共领取 m 个月。用 $A_j(j=N+1,\cdots,N+m)$ 表示第 j 个月领取后所剩的养老保险基金总数，则前 N 个月所存的养老保险基金数分别为

$$A_1 = (1+r)A_0 + x$$
$$A_2 = (1+r)A_1 + x = (1+r)^2 A_0 + \left[1+(1+r)\right]x$$
$$A_3 = (1+r)A_2 + x = (1+r)^3 A_0 + \left[1+(1+r)+(1+r)^2\right]x$$
$$\cdots$$

$$A_N = (1+r)A_{N-1} + x = (1+r)NA_0 + [1+(1+r)+\cdots+(1+r)N-1]x$$

$$= (1+r)NA_0 + \frac{(1+r)^N - 1}{r}x = (1+r)N\left(A_0 + \frac{x}{r}\right) - \frac{x}{r}$$

从第 $N+1$ 个月开始领取养老保险基金，每月领取 y 元，共领取 m 个月。这时，

$$A_{N+1} = (1+r)A_N - y$$

$$A_{N+2} = (1+r)A_{N+1} - y = (1+r)^2 A_N - [1+(1+r)]y$$

$$\cdots$$

$$A_{N+m} = (1+r)A_{N+m-1} - y = (1+r)^m A_N - \left[1+(1+r)+\cdots+(1+r)^{m-1}\right]y$$

$$= (1+r)^m\left(A_N - \frac{y}{r}\right) + \frac{y}{r} = 0$$

综合有

$$A_j = \begin{cases} (1+r)^j\left(A_0 + \dfrac{x}{r}\right) - \dfrac{x}{r}, & 1 \leqslant j \leqslant N \\[2mm] (1+r)^j\left(A_N - \dfrac{y}{r}\right) + \dfrac{y}{r}, & N+1 \leqslant j \leqslant N+m \\[2mm] 0, & j = N+m \end{cases}$$

解方程 $(1+r)^m\left(\dfrac{y}{r} - A_N\right) = \dfrac{y}{r}$，得 $m = \ln\left[\dfrac{y}{y - rA_N}\right] / \ln(1+r)$

模型应用：

若 30 岁开始建立养老保险基金，一次性存入 $A_0 = 10\,000$ 元，以后每月存 $x = 300$ 元，月利率 $r = 0.003$。60 岁退休后开始领取养老保险基金，退休时共工作 $m = 360$ 个月，所存的养老保险基金总额为

$$A_{360} = (1+r)^{360}\left(A_0 + \frac{x}{r}\right) - \frac{x}{r} = 1.003^{360}\left(10\,000 + \frac{300}{0.003}\right) - \frac{300}{0.003} = 223\,391.48 \text{ 元}$$

如果每月领取 $y = 1\,000$ 元，则可领取

$$m = \ln\left[\frac{1\,000}{1\,000 - 0.003 \times A_{360}}\right] / \ln 1.003 = 370 \text{ 月} = 30.8 \text{ 年}$$

如果每月领取 $y = 1\,200$ 元，则可领取 $m = 273$ 月 $= 22.7$ 年。

第二节　数据处理法

在实际问题中，往往需要处理通过试验或测量所得到的一批数据，通过对这些数据的处理，可以反映出哪些数据是有效数据，哪些数据是无效数据，数据的变化规律是什么等信息，这样可以加深对问题的认识。通常有两种方法来处理数据，以求寻找数据的变化规律。一是数据插值法，即寻找一个函数，使得所有数据所对应的点都在这一函数上，这一函数称为插值函数；二是数据拟合法，即寻找一个函数，使得数据所对应的点不一定都在此函数上，但离此函数都比较近，这一函数称为拟合函数。

一、数据插值法

给出一批数据 $(x_0,\ y_0),\cdots,(x_n,\ y_n)$，其中 $x_0,\cdots,\ x_n$ 互不相同，寻找函数 $y=f(x)$，使得

$$y_i=f(x_i),\ i=0,\cdots,\ n$$

称 $y=f(x)$ 为插值函数，$x_0,\cdots,\ x_n$ 为插值点，方程组为插值条件。一般来说，对同一批数据，有多个插值函数，具体选择哪个插值函数，因实际问题而定，但基本原则是在数学上易于处理且尽可能简单。目前，最常用的插值函数是多项式函数（称为插值多项式），其一般形式为

$$f(x)=a_0+a_1x+\cdots+a_nx^n$$

其中 $a_0,\cdots,\ a_n$ 是 $n+1$ 个待定系数。根据插值条件 $y_i=f(x_i)$，$i=0,\cdots,\ n$，可以得到一个含有 $n+1$ 个未知数和 $n+1$ 个方程的方程组。解此方程组，便可求出 $a_0,\cdots,\ a_n$ 的值，从而得到具体的插值多项式。

（一）n 次 Lagrange 插值多项式 [需要 $n+1$ 组数据 $(x_0,\ y_0),\cdots,(x_n,\ y_n)$]

n 次 Lagrange 插值多项式的形式为一般形式，即

$$f(x)=a_0+a_1x+\cdots+a_nx^n$$

其中 $a_0,\cdots,\ a_n$ 是 $n+1$ 个待定系数。

当 $n=1$ 时，需要两组数据 $(x_0,\ y_0),(x_1,\ y_1)$，且 $x_0\neq x_1$，插值函数为 $f(x)=a_0+a_1x$，称为一次 Lagrange 插值多项式或线性插值多项式，通过求解方程组

$$\begin{cases} a_0+a_1x_0=y_0 \\ a_0+a_1x_1=y_1 \end{cases}$$

可得

$$a_1 = \frac{y_0 - y_1}{x_0 - x_1}, \quad a_0 = y_0 - a_1 x_0 = \frac{y_1 x_0 - y_0 x_1}{x_0 - x_1}$$

进而

$$f(x) = \frac{y_1 x_0 - y_0 x_1}{x_0 - x_1} + \frac{y_0 - y_1}{x_0 - x_1} x$$

$$= \frac{x_0}{x_0 - x_1} y_1 - \frac{x_1}{x_0 - x_1} y_0 + \frac{x}{x_0 - x_1} y_0 - \frac{x}{x_0 - x_1} y_1$$

$$= \frac{x - x_1}{x_0 - x_1} y_0 + \frac{x - x_0}{x_1 - x_0} y_1$$

当 $n=2$ 时，需要三组数据 $\left\{(x_i, \ y_i)\right\}_{i=0}^{2}$，其中 x_0，x_1，x_2 互不相同，插值函数为 $f(x) = a_0 + a_1 x + a_2 x^2$，称为二次 Lagrange 插值多项式或抛物线插值多项式，通过求解方程组

$$\begin{cases} a_0 + a_1 x_0 + a_2 x_0^2 = y_0 \\ a_0 + a_1 x_1 + a_2 x_1^2 = y_1 \\ a_0 + a_1 x_2 + a_2 x_2^2 = y_2 \end{cases}$$

可得 a_0，a_1，a_2 的具体值，将其代入插值函数中，有

$$f(x) = \frac{(x - x_1)(x - x_2)}{(x_0 - x_1)(x_0 - x_2)} y_0 + \frac{(x - x_0)(x - x_2)}{(x_1 - x_0)(x_1 - x_2)} y_1 + \frac{(x - x_0)(x - x_1)}{(x_2 - x_0)(x_2 - x_1)} y_2$$

（二）n 次 Newton 插值多项式（需要 $n+1$ 组数据）

给出 $n+1$ 组数据 $\left\{(x_i, \ y_i)\right\}_{i=0}^{n}$，其中 $x_0, \cdots, \ x_n$ 互不相同，n 次 Newton 插值多项式的形式为

$$f(x) = y_0 + \sum_{k=1}^{n} f[x_0, \ x_1, \ \cdots, \ x_k] \cdot w_k(x)$$

其中

$$w_k(x) = \prod_{i=0}^{k-1} (x - x_i), \ k = 1, \cdots, \ n$$

$$f[x_0, \ x_1, \cdots, \ x_k] = f[x_1, \cdots, \ x_k] - f[x_0, \ x_1, \cdots, \ x_{k-1}]$$

$$f[x_0, \ x_1] = \frac{y_1 - y_0}{x_1 - x_0}, \ f[x_1, \ x_2] = \frac{y_2 - y_1}{x_2 - x_1}$$

称 $f[x_0, \ x_1, \cdots, \ x_k]$，插值函数 $y = f(x)$ 在 x_0，$x_1, \cdots, \ x_k$ 上的 k 阶差商。

n 次 Newton 插值多项式的计算步骤：

第 1 步：计算 $w_1(x), \cdots, \ w_n(x)$；

第2步：计算$f[x_0, x_1], \cdots, f[x_{n-1}, x_n]$；

第3步：计算，$f[x_0, x_1, \cdots, x_{k-1}]$和$f[x_1, \cdots, x_k]$，$k = 2, \cdots, n$；

第4步：计算$f[x_0, x_1, \cdots, x_k]$，$k = 1, \cdots, n$；

第5步：计算$f(x)$。

现考虑一次 Newton 插值多项式：

$$f(x) = y_0 + f[x_0, x_1]w_1(x) = y_0 + \frac{y_1 - y_0}{x_1 - x_0}(x - x_0)$$

$$= y_0 + \frac{x - x_0}{x_1 - x_0}y_1 - \frac{x - x_0}{x_1 - x_0}y_0 = \frac{x - x_1}{x_0 - x_1}y_0 + \frac{x - x_0}{x_1 - x_0}y_1$$

这说明一次 Newton 插值多项式恰是一次 Lagrange 插值多项式。可以证明，前三次 Lagrange 插值多项式和前三次 Newton 插值多项式是相同的。

（三）三次样条插值多项式

数学上所说的样条插值多项式实质上是指分段多项式的光滑连接。给定$n+1$组数据$\{(x_i, y_i)\}_{i=0}^n$，其中$x_0 < x_1 < \cdots < x_n$，如果分段函数$S(x)$满足：

在每个小区间$[x_{i-1}, x_i]$上都是次数不超过k的多项式；

在区间$[x_0, x_n]$上具有直到k阶的导数，则称$S(x)$为k次样条插值多项式。在实际应用中常采用三次样条插值多项式，其表现形式为

$$S(x) = \frac{1}{6h_i}\left[(x_i - x)3m_{i-1} + (x - x_{i-1})3m_i\right] + \left(y_{i-1} - \frac{h_i^2}{6}m_{i-1}\right)\frac{x_i - x}{h_i} + \left(y_i - \frac{h_i^2}{6}m_i\right)\frac{x - x_{i-1}}{h_i}$$

$$x \in [x_{i-1}, x_i], \quad i = 1, \cdots, n$$

其中$h_i = x_i - x_{i-1}(i = 1, \cdots, n)$，$m_0 = m_n = 0$，$m_1, \cdots, m_{n-1}$是$n-1$个待定系数。令

$$\mu_i = \frac{h_i}{h_i + h_{i+1}}, \quad \lambda_i = 1 - \mu_i, \quad i = 1, \cdots, n$$

$$d_i = 6f[x_{i-1}, x_i, x_{i+1}], \quad i = 1, \cdots, n-1$$

则$n-1$个待定系数$m_1, \cdots, m_{n-1}$满足$n-1$个方程：

$$\mu_i m_{i-1} + 2m_i + \lambda_i m_{i+1} = d_i, \quad i = 1, \cdots, n-1$$

解此方程组可得$m_1, \cdots, m_{n-1}$。

（四）分段线性插值多项式

直观上就是将$n+1$组数据$\{(x_i, y_i)\}_{i=0}^n$用折线连接起来，如果$x_0 < x_1 < \cdots < x_n$，则分段线性插值多项式为

$$f(x) = \frac{x - x_i}{x_{i-1} - x_i}y_{i-1} + \frac{x - x_{i-1}}{x_i - x_{i-1}}y_i, \quad x_{i-1} \leqslant x \leqslant x_i, \quad i = 1, \cdots, n$$

分段线性插值多项式的缺点是不能形成一条光滑曲线。

（五）Hermite 插值多项式

设真实函数 $y = f(x)$ 有 $n+1$ 组数据 $\{(x_i,\ y_i)\}_{i=0}^{n}$，即 $y_i = f(x_i)$，$i = 0,1,\cdots,\ n$，且已知 $r+1$ 个一阶导数值 $f'(x_i)$，$i = 0,1,\cdots,\ r(r \leqslant n)$。若所寻找的插值函数 $H(x)$ 满足：

$H(x)$ 是一个 $n+r+1$ 次多项式；

$H(x_i) = y_i$，$i = 0,1,\cdots,\ n$；

$H'(x_i) = f'(x_i)$，$i = 0,1,\cdots,\ r$。

则称 $H(x)$ 是 $n+1$ 点 $n+r+1$ 次 Hermite 插值多项式。若真实函数 $y = f(x)$ 只有两组数据 $(x_0,\ y_0)$ 和 $(x_1,\ y_1)$ 且已知一阶导数值 $f'(x_0)$，$f'(x_1)$，则两点三次 Hermite 插值多项式为

$$H_3(x) = h_0(x)y_0 + h_1(x)y_1 + g_0(x)f'(x_0) + g_1(x)f(x_1)$$

其中

$$h_0(x) = \left(1 + 2\frac{x - x_0}{x_1 - x_0}\right)\left(\frac{x - x_1}{x_0 - x_1}\right)^2, \quad h_1(x) = \left(1 + 2\frac{x - x_1}{x_0 - x_1}\right)\left(\frac{x - x_0}{x_1 - x_0}\right)^2$$

$$g_0(x) = (x - x_0)\left(\frac{x - x_0}{x_0 - x_1}\right)^2, \quad g_1(x) = (x - x_1)\left(\frac{x - x_0}{x_1 - x_0}\right)^2$$

二、拟合法

由于数据组数过多，或用来得到这些数据的试验或测量有误差，在寻求函数时，不一定要求这些数据都要满足插值条件，只要使所寻求的函数与这些数据的整体误差达到最小即可。这时称所要寻找的函数为拟合函数，根据不同的整体误差定义方式，可以得到不同的拟合函数。同一批数据的拟合函数可以有多个，但最常用的拟合函数是最小二乘拟合函数，即利用最小二乘法得到的拟合函数。

给定 $n+1$ 组数据 $\{(x_i,\ y_i)\}_{i=0}^{n}$（称为数据点），其中 $x_0,\cdots,\ x_n$ 互不相同，若用单值函数 $y = f(x)$ 作为这批数据的拟合函数，则每个 x_j 都对应函数 $y = f(x)$ 上的一点 $[x_j,\ f(x_i)]$（称为拟合点）。称数据点与拟合点的纵坐标之差 $e_j = y_j - f(x_j)$ 为数据点 $(x_j,\ y_j)$ 到拟合函数 $y = f(x)$ 的残差。

通过残差可以定义数据点的整体误差：

将残差绝对值中的最大者 $\max_{0 \leqslant j \leqslant n}|e_j|$ 定义为整体误差；

将残差绝对值之和 $\sum_{j=0}^{n}|e_j|$ 定义为整体误差；

将残差的平方和 $\sum_{j=0}^{n}e_j^2$ 定义为整体误差。

一个拟合函数的好坏用数据点的整体误差来衡量，整体误差越小，说明拟合函数越好。在将残差绝对值中的最大者 $\max_{0 \le j \le n}|e_j|$ 定义为整体误差和将残差绝对值之和 $\sum_{j=0}^{n}|e_j|$ 定义为整体误差的这两种整体误差的定义方式中，由于求解带有绝对值的极小问题在计算上很不方便，故常选用将残差的平方和 $\sum_{j=0}^{n}e_j^2$ 定义为整体误差方式。称使残差平方和达到最小的方法为最小二乘法，利用最小二乘法得到的拟合函数称为最小二乘拟合函数，由于在用最小二乘法时，已经用到了拟合函数 $y = f(x)$，不同的拟合函数可能对应着不同的残差平方和。

（一）线性最小二乘拟合函数

如果给出的 $n+1$ 组数据 $\left\{(x_i,\ y_i)\right\}_{i=0}^{n}$ 呈直线形状时，可考虑用直线作拟合函数。这时，令 $f(x) = a + bx$，其中 a，b 是待定系数，残差平方和 $\sum_{i=0}^{n}\left[y_j - \left(a + bx_j\right)\right]^2$ 是 a，b 的函数，记作 $S(a,\ b)$。现用最小二乘法确定 a，b 的值，即求使残差平方和 $S(a,\ b)$ 达到最小的 a，b 的值。根据数学分析的知识，令 $\dfrac{\partial S(a,\ b)}{\partial a} = \dfrac{\partial S(a,\ b)}{\partial b} = 0$，得

$$\begin{cases} \sum_{j=0}^{n} 2\left[y_j - \left(a + bx_j\right)\right](-1) = 0 \\ \sum_{i=0}^{n} 2\left[y_j - \left(a + bx_j\right)\right]\left(-x_j\right) = 0 \end{cases}$$

整理得线性方程组

$$\begin{cases} (n+1)a + \left(\sum_{j=0}^{n} x_j\right)b = \sum_{j=0}^{n} y_j \\ \left(\sum_{j=0}^{n} x_j\right)a + \left(\sum_{j=0}^{n} x_j^2\right)b = \sum_{i=0}^{n} x_i y_i \end{cases}$$

解之，得 a，b 的具体值 $\vec{a}$，$\vec{b}$，将其代入拟合函数 $f(x) = a + bx$ 中，可得线性最小二乘拟合函数 $f(x) = \vec{a} + \vec{b}x$。

（二）一般的最小二乘拟合函数

如果给出的 $n+1$ 组数据 $\left\{(x_i,\ y_i)\right\}_{i=0}^{n}$ 呈曲线形状时，往往考虑用曲线作为拟合函数。用最小二乘法得到的曲线拟合函数称为一般的最小二乘拟合函数。由于曲线函数多种多样，希望找到的曲线拟合函数既在数学上易于处理，形式上又比较简单。为此需要介绍函数组的线性相关性。

1. 函数组的线性相关性

在区间 $[a, b]$ 上定义 m 个函数 $\varphi_1(x), \cdots, \varphi_m(x)$，若存在一组不全为 0 的数 $\beta_1, \cdots, \beta_m$ 使得

$$\beta_1\varphi_1(x) + \cdots + \beta_m\varphi_m(x) \equiv 0, \quad \forall x \in [a, b]$$

则称 $\varphi_1(x), \cdots, \varphi_m(x)$ 在 $[a, b]$ 上是线性相关函数组；否则，称 $\varphi_1(x), \cdots, \varphi_m(x)$ 在 $[a, b]$ 上是线性无关函数组。

设函数 $\varphi_1(x), \cdots, \varphi_m(x)$ 在区间 $[a, b]$ 上均存在 $m-1$ 阶导数，则 $\varphi_1(x), \cdots, \varphi_m(x)$ 在 $[a, b]$ 线性无关，当且仅当对任意的 $x \in [a, b]$，行列式 $W(x)$ 不为 0，其中

$$W(x) = \begin{vmatrix} \varphi_1(x) & \cdots & \cdots & \varphi_m(x) \\ \varphi_1'(x) & \cdots & \cdots & \varphi_m'(x) \\ \vdots & & & \vdots \\ \varphi_1^{m-1}(x) & \cdots & \cdots & \varphi_m^{m-1}(x) \end{vmatrix}_{m \times m}$$

证明：对任意的 $x \in [a, b]$，令 $\lambda_1\varphi_1(x) + \cdots + \lambda_m\varphi_m(x) = 0$，其中 $\lambda_1, \cdots, \lambda_m$ 是待定系数，对该等式求直到 $m-1$ 阶导数，可得如下齐次线性方程组：

$$\begin{cases} \lambda_1\varphi_1(x) + L + \lambda_m\varphi_m(x) = 0 \\ \lambda_1\varphi_1^{(1)}(x) + L + \lambda_m\varphi_m^{(1)}(x) = 0 \\ \vdots \qquad \qquad \vdots \\ \lambda_1\varphi_1^{(m-1)}(x) + L + \lambda_m\varphi_m^{(m-1)}(x) = 0 \end{cases}$$

记 $A(x) = \begin{bmatrix} \varphi_1(x) & \cdots & \cdots & \varphi_m(x) \\ \varphi_1'(x) & \cdots & \cdots & \varphi_m'(x) \\ \vdots & & & \vdots \\ \varphi_1^{m-1}(x) & \cdots & \cdots & \varphi_m^{m-1}(x) \end{bmatrix}$ 为系数矩阵，$\lambda = \begin{bmatrix} \lambda_1 \\ \vdots \\ \lambda_m \end{bmatrix}$ 为未知向量，则上述齐次线性方程组可写成矩阵形式 $A(x)\lambda = 0$ 且 $W(x) = |A(x)|$。由于该方程组只有 0 解，当且仅当系数矩阵的行列式不为 0，即 $\lambda = 0$，当且仅当 $W(x) \neq 0$，所以函数组 $[\varphi_1(x), \cdots, \varphi_m(x)]$ 在 $[a, b]$ 上线性无关的充要条件是对任意的 $x \in [a, b]$，行列式 $W(x)$ 不为 0。

常见的线性无关函数组有两个：

$$\{1, x, x^2, \cdots, x^m\}, \quad \forall x \in R$$

$$\{1, \sin x, \cos x, \sin 2x, \cos 2x, \cdots, \sin mx, \cos mx\}, \quad \forall x \in R$$

2. 广义多项式

线性无关函数组 $\varphi_1(x), \cdots, \varphi_m(x)$ 的线性组合 $\varphi(x) = \sum_{j=1}^{m} \beta_j\varphi_j(x)$ 称为广义多项式。

以广义多项式 $\varphi(x) = \sum_{j=1}^{m} \beta_j\varphi_j(x)$ 作为拟合函数的形式，利用数据组 $\{(x_i, y_i)\}_{i=0}^{n}$ 和最小二乘法，确定组合系数 $\beta_1, \cdots, \beta_m$，得到的具体拟合函数称为一般最小二乘拟合函数。

下面给出求一般最小二乘拟合函数的具体方法，令

$$S(\beta_1,\cdots,\ \beta_m)=\sum_{i=0}^{n}\left(y_i-\varphi(x_i)\right)^2=\sum_{i=0}^{n}\left[y_i-\sum_{i=1}^{m}\beta_j\varphi_j(x_i)\right]^2$$

为残差平方和，并设

$$\frac{\partial S(\beta_1,\cdots,\ \beta_m)}{\partial \beta_j}=0,\ j=1,\cdots,\ m$$

得线性方程组：

$$\begin{cases}\sum_{i=0}^{n}\left(y_i-\sum_{j=1}^{m}\beta_j\varphi_j(x_i)\right)\varphi_1(x_i)=0\\ \vdots\\ \sum_{i=0}^{n}\left(y_i-\sum_{j=1}^{m}\beta_j\varphi_j(x_i)\right)\varphi_m(x_i)=0\end{cases}$$

整理得：

$$\begin{cases}\sum_{j=1}^{m}\left(\sum_{i=0}^{n}\varphi_1(x_i)\varphi_j(x_i)\right)\beta_j=\sum_{i=0}^{n}y_i\varphi_1(x_i)\\ \vdots\\ \sum_{j=1}^{m}\left(\sum_{i=0}^{n}\varphi_m(x_i)\varphi_j(x_i)\right)\beta_j=\sum_{i=0}^{n}y_i\varphi_m(x_i)\end{cases}$$

$$\begin{cases}\sum_{j=1}^{m}\left(\sum_{i=0}^{n}\varphi_1(x_i)\varphi_j(x_i)\right)\beta_j=\sum_{i=0}^{n}y_i\varphi_1(x_i)\\ \vdots\\ \sum_{j=1}^{m}\left(\sum_{i=0}^{n}\varphi_m(x_i)\varphi_j(x_i)\right)\beta_j=\sum_{i=0}^{n}y_i\varphi_m(x_i)\end{cases}$$ 称为正规方程组，解之，得 $\overline{\beta}_1,\cdots,\ \overline{\beta}_m$，进而得一

般最小二乘拟合函数

$$\varphi(x)=\sum_{j=1}^{m}\overline{\beta}_j\varphi_j(x)$$

为了计算方便，可取函数组 $\varphi_1(x),\cdots,\ \varphi_m(x)$ 为线性函数组。这时，用解线性方程组

$$\begin{cases}\sum_{j=1}^{m}\left(\sum_{i=0}^{n}\varphi_1(x_i)\varphi_j(x_i)\right)\beta_j=\sum_{i=0}^{n}y_i\varphi_1(x_i)\\ \vdots\\ \sum_{j=1}^{m}\left(\sum_{i=0}^{n}\varphi_m(x_i)\varphi_j(x_i)\right)\beta_j=\sum_{i=0}^{n}y_i\varphi_m(x_i)\end{cases}$$

来确定组合系数 $\beta_1,\cdots,\ \beta_m$ 方法称为极值法。

第三节 层次分析法

人们在进行决策时，往往会面对很多互相关联、互相制约的复杂因素，或难以用定量方式描述的关系。如：假期去一个地方旅游，有三个景点可供选择，由于每个景点都受景色、费用、住宿、饮食、旅游条件、人的偏好等诸多因素影响，无法用定量的方式描述它们之间的关系，只有通过比较、判断、评价，才能做出最终选择。针对这样的问题，20世纪70年代出现了层析分析法，这一方法的本质是一种决策思维方式：①把复杂的问题按主次关系进行分组分层，形成一个层次递阶系统；②根据对客观现实的判断和个人的偏好，对每层中各元素的相对重要性给出定量描述，即利用数学方法给出各层中所有元素的相对重要性的权值；③通过排序做出最终选择。

一、层次递阶系统的建立

根据问题中各元素之间的主次关系进行分组分层。每一组作为一层，上一层元素支配着下一层元素，而下一层元素影响着上一层元素。这样就形成了一个层次递阶系统。第一层（最上层）称为决策层或目标层，最后一层（最下层）称为方案层，其余所有层统称为中间层。

决策层（目标层）决策目标

$$中间层\begin{cases} A_{11} & A_{12} & \cdots & A_{1m_1} \\ A_{21} & A_{22} & \cdots & A_{2m_2} \\ \vdots & \vdots & \vdots & \vdots \\ A_{(n-1)1} & A_{(n-1)2} & \cdots & A_{(n-1)(m-1)} \\ A_{n1} & A_{n2} & \cdots & A_{nm} \end{cases}$$

方案层为

$$A_{n1} \quad A_{n2} \quad \cdots \quad A_{nm}$$

二、层次分析法的计算步骤

基本思想：对各层元素的重要性进行赋权，决策层的权值为1，假设第二层的各元素 $A_1, \cdots, A_m$ 相对于决策层元素 A 的重要性权值分别为 $a_1, \cdots, a_m$，第三层各元素 B_j 相对于第二层元素 A_i 的重要性权重为 b_{ij}（称为单权）。若元素 A_1 与元素 B 之间没有关系，则 $b_{ij} = 0$。第三层元素相对于第二层元素的重要性权重分别定义为 $\sum_{i=1}^{m} a_i b_{i1}, \cdots, \sum_{i=1}^{m} a_i b_{in}$，称为第三层元素的组合权。

决策层权值：$A(1)$

第二层元素：$A_1 \quad A_2 \quad \cdots \quad A_m$

第二层权值：$a_1 \quad a_2 \quad \cdots a_m$

第三层元素：$B_1 \quad B_2 \quad \cdots \quad B_n$

第三层单权 (A_1)：$b_{11} \quad b_{12} \quad \cdots \quad b_{1n}$

$\qquad (A_m) \quad b_{m1} \quad b_{m2} \quad \cdots \quad b_{mn}$

第三层组合权：$\sum_{i=1}^{m} a_i b_{i1} \quad \cdots \quad \sum_{i=1}^{m} a_i b_{in}$

从上到下逐层计算，就可算出方案层中各元素的重要性权值（组合权值）。通过对权值进行排序，就可选出最优方案，或权值最大方案或权值最小方案。计算权值并非易事，需要适当的方法，层次分析法的一个优点就是提供了一套完整的计算方法，大致分为以下几步。

第一步，构造判断矩阵。

以第二、三层为例。构造判断矩阵主要是用两两比较的方法，现相对于第二层中的某个元素 $A_k(k=1,\cdots, m)$，来对第三层中各元素的重要性进行两两比较，可得如下矩阵：

$$C_k = \begin{bmatrix} A_k & B_1 & \cdots & B_i & \cdots & B_n \\ B_1 & c_{11} & \cdots & c_{1i} & \cdots & c_{1n} \\ \vdots & \vdots & \ddots & \vdots & & \vdots \\ B_i & c_{i1} & \cdots & c_{ii} & \cdots & c_{in} \\ \vdots & \vdots & & \vdots & \ddots & \vdots \\ B_n & c_{n1} & \cdots & c_{ni} & \cdots & c_{nn} \end{bmatrix}$$

其中 $c_{ij} = \begin{cases} 0, \\ 1, \end{cases}$ A_k 与 B_j 有关，$j=1,\cdots, n$，$c_{ij}(i \neq j)$ 取 1，$\cdots$，9 这九个整数及它们的倒数：

$$c_{ij} = \begin{cases} 1, & B_i \text{ 与 } B_j \text{ 相比同等重要} \\ 3, & B_i \text{ 与 } B_j \text{ 相比重要一点} \\ 5, & B_i \text{ 与 } B_j \text{ 相比重要} \\ 7, & B_i \text{ 与 } B_j \text{ 相比重要得多} \\ 9, & B_i \text{ 与 } B_j \text{ 相比极为重要} \end{cases}$$

$$c_{ji} = 1/c_{ij}$$

若 $c_{ij} = 9$，则 $c_{ji} = 1/9$，表示 B_j 与 B_i 相比，B_j 太不重要了，称矩阵 C_k 为关于元素 A_k 的

判断矩阵。

第二步，判断矩阵的一致性检验。

给出判断矩阵 $C = \left[c_{ij} \right]_{n \times n}$，若存在指标 i，j，k 使得 $c_{ij} = c_{ik} / c_{jk}$，则称元素 B_i，B_j，B_k 具有一致性；若对任意的 i，j，$k \in \{1, \cdots, n\}$ 都有 $c_{ij} = c_{ik} / c_{jk}$，则称判断矩阵 C 具有完全一致性。从客观角度讲，判断矩阵 C 应该具有完全一致性，但由于 C 是从主观角度两两比较得到的，故在一般情况下 C 不具有完全一致性。

首先，计算出判断矩阵 C 的一个近似特征向量，具体做法如下：

先对判断矩阵 C 的各列归一化，然后再按行求和，将所得向量再归一化，可得判断矩阵 C 的一个近似特征向量 x。例如若第三层有三个元素 B_1，B_2，B_3，且关于第二层元素 A_1 的判断矩阵为

$$C_1 = \begin{bmatrix} 1 & 2 & 6 \\ 1/2 & 1 & 4 \\ 1/6 & 1/4 & 1 \end{bmatrix} \rightarrow \begin{bmatrix} 0.6 & 0.615 & 0.545 \\ 0.3 & 0.308 & 0.364 \\ 0.1 & 0.077 & 0.091 \end{bmatrix} \rightarrow \begin{bmatrix} 1.760 \\ 0.972 \\ 0.268 \end{bmatrix} \rightarrow \begin{bmatrix} 0.587 \\ 0.324 \\ 0.089 \end{bmatrix}$$

则 $x_1 = \begin{bmatrix} 0.587 \\ 0.324 \\ 0.089 \end{bmatrix}$ 是判断矩阵 C_1 的一个近似特征向量。

其次，求出与近似特征向量 x 对应的近似特征值 $\lambda = \frac{1}{n} \sum_{i=1}^{n} \frac{(Cx)_i}{x_i}$。其中 $(Cx)_i$ 和 x_i 分别表示向量 Cx 和 x 的第 i 个分量，给出一致性检验指标 $CI = \frac{\lambda - n}{n-1} \geqslant 0$。可以证明：当判断矩阵 C 具有完全一致性时，$CI = 0$，也就是说，CI 越小，判断矩阵 C 具有的完全一致性的程度越高。当 CI 小到什么程度时，可以认为 C 具有满意的完全一致性呢？若一致性比例 $CR = CI / RI < 0.1$，则认为判断矩阵 C 具有满意的完全一致性，其中 RI 称为随机一致性指标，对 $3 \sim 9$ 阶方阵来说，RI 的取值分别为

	3	4	5	6	7	8	9
RI	0.58	0.90	1.12	1.24	1.32	1.41	1.45

完全一致性要用三个元素进行判断。因此，通常认为 $1 \sim 2$ 阶判断矩阵具有完全一致性。

第三步，判断矩阵的组合一致性检验。

各层具有满意的完全一致性的判断矩阵是否具有满意的组合一致性，仍需进行进一步检验。设 $C_1, \cdots, C_m$ 分别是 B 层元素 $B_1, \cdots, B_n$ 对于 A 层各元素 $A_1, \cdots, A_m$ 的 m 个满意的判断矩阵，即具有满意的完全一致性的判断矩阵，对应的一致性检验指标和随机一致性指标分别为 $CI_1, \cdots, CI_m$ 和 $RI_1, \cdots, RI_m$，称 $CI = \sum_{j=1}^{m} a_j I_j$ 和 $RI = \sum_{j=1}^{m} a_j RI_j$ 分别为 B 层对 A 层

的组合一致性检验指标和组合随机一致性指标，称 $CR = CI / RI$ 为 B 层对 A 层的组合一致性比例。若 $CR < 0.1$，则认为 B 层各元素的判断矩阵具有满意的组合一致性。

第四步，计算各层元素的单权和组合权。

设各层的判断矩阵具有满意的组合一致性，则近似特征向量 x 的各分量就是对应元素的单权。例如，如上所求，第三层元素 B_1，B_2，B_3 关于第二层元素 A_1 的判断矩阵和近似特征向量分别为

$$C_1 = \begin{bmatrix} 1 & 2 & 6 \\ 1/2 & 1 & 4 \\ 1/6 & 1/4 & 1 \end{bmatrix} \text{和} x_1 = \begin{bmatrix} 0.587 \\ 0.324 \\ 0.089 \end{bmatrix}$$

则 x_1 的各分量就是元素 B_1，B_2，B_3 关于元素 A_1 的单权，即

$$b_{11} = 0.587, \quad b_{12} = 0.324, \quad b_{13} = 0.089$$

各层元素的组合权需从上到下逐层进行计算的。若已知 A 层元素 $A_1, \cdots, A_m$ 的组合权分别是 $a_1, \cdots, a_m$，B 层元素 $B_1, \cdots, B_n$ 相对于 A_i 的单权分别为 $b_{i1}, \cdots, b_{in}$，则 B 层各元素关于 A 层的组合权分别为 $\sum_{i=1}^{m} a_i b_{i1}, \sum_{i=1}^{m} a_i b_{i2}, \cdots, \sum_{i=1}^{m} a_i b_{in}$。

第五步，确定选择方案。

将方案层各元素的组合权进行排序，取权值最大（或最小）的方案作为最终方案。

第四节　典型相关分析法

一、基本内容

典型相关分析法的基本思想是识别和量化两个指标组之间的相关性，用以判断指标组之间的相关关系，在许多实际问题中都需要研究指标组之间的相关性。譬如：工厂质量管理人员需要了解原材料质量的主要指标为 $x_1, \cdots, x_p$ 与产品质量的主要指标 $y_1, \cdots, y_p$ 之间的相关性，以便采取措施提高产品质量；在生物学中，常常需要了解某生物种群情况（用一组指标 $x_1, \cdots, x_p$ 表示）与其生活环境情况（用另一组指标 $y_1, \cdots, y_p$ 表示）之间的关系，这对保持生态平衡具有指导意义；在流行病学研究中，需要了解某种疾病的传染情况（用一组指标 $x_1, \cdots, x_p$ 表示）与自然环境和社会环境（用另一组指标 $y_1, \cdots, y_p$ 表示）之间的相关性，以便制定有效的预防措施等。

设 $\{x_1, \cdots, x_p\}$ 是一组指标，$\{y_1, \cdots, y_q\}$ 是另一组指标，受主成分分析法的启发，我们

可以分别构造这两组指标的适当线性组合：

$$U = a_1 x_1 + \cdots + a_p x_p$$
$$V = b_1 y_1 + \cdots + b_q y_q$$

将两组指标间的相关性转化为两个变量 U 和 V 之间的相关性来考虑。不失一般性，假设每组指标均为独立指标，且指标间不含重复信息，具体地说，就是指标 $(x_1, \cdots, x_p)$ 与 $(y_1, \cdots, y_p)$ 是相互独立的，且所含信息不重复；否则，在构造变量 U 时，线性相关的指标就会被综合掉。

讨论如果确定组合系数向量 $a = (a_1, \cdots, a_p)^T$ 和 $b = (b_1, \cdots, b_4)^T$ 使 U, V 之间的相关性 ρ_{UV} 达到最大，这时称 (U, V) 为一对典型变量，称 ρ_{UV} 为对应的典型相关系数。

二、典型变量与典型相关系数的计算方法

分别给出两组指标 $\{x_1, \cdots, x_p\}$ 和 $\{y_1, \cdots, y_q\}$ 的样本数据集：

$$\left\{ x_i = (x_{i1}, \cdots, x_{ip}) \right\}_{i=1}^n \subset \mathbf{R}^p \text{ 和 } \left\{ y_i = (y_{i1}, \cdots, y_{iq}) \right\}_{i=1}^n \subset \mathbf{R}^q$$

设 $x = (x_1, \cdots, x_p)^T$, $y = (y_1, \cdots, y_q)^T$ 分别表示指标向量。

第一步：写出原始数据矩阵。

用 X 表示指标组 $\{x_1, \cdots, x_p\}$ 的原始数据矩阵，用 Y 表示指标组的原始数据矩阵，则

$$X = \begin{bmatrix} x_1 \\ \vdots \\ x_n \end{bmatrix} = \begin{bmatrix} x_{11} & \cdots & x_{1p} \\ \vdots & \ddots & \vdots \\ x_{n1} & \cdots & x_{np} \end{bmatrix}_{n \times p}$$

$$Y = \begin{bmatrix} y_1 \\ \vdots \\ y_n \end{bmatrix} = \begin{bmatrix} y_{11} & \cdots & y_{14} \\ \vdots & \ddots & \vdots \\ y_{n1} & \cdots & y_{nq} \end{bmatrix}_{n \times \eta}$$

第二步：将原始数据矩阵标准化。记

$$\overline{x_j} = \frac{1}{n} \sum_{i=1}^n x_{ij}, \ S_j^2 = \frac{1}{n-1} \sum_{i=1}^n \left(x_{ij} - \overline{x_j} \right)^2, \ S_j = \sqrt{S_j^2}, \ j = 1, \cdots, p$$

利用公式

$$w_{ij} = \frac{x_{ij} - \overline{x_j}}{S_j}, \ i = 1, \cdots, n, \ j = 1, \cdots, p$$

将 X 化为标准化矩阵 W，同理，将 Y 化为标准化矩阵 Z。

第三步：构造两组指标间的相关矩阵 R。记

$$R_{11} = \frac{1}{n-1} W^T \ W \in R^{p \times q}$$

$$R_{22} = \frac{1}{n-1} Z^{\mathrm{T}} Z \in R^{p \times q}$$

$$R_{12} = \frac{1}{n-1} W^{\mathrm{T}} Z \in R^{p \times q}$$

$$R_{21} = R_{12}^{\mathrm{T}} \in R^{q \times p}$$

令

$$R = \begin{bmatrix} R_{11} & R_{12} \\ R_{21} & R_{22} \end{bmatrix} \in R^{(p+q) \times (p+q)}$$

称 R 为两组指标间的相关矩阵，显然

$$R = \frac{1}{n-1} [W, \ Z]^{\mathrm{T}} [W, \ Z]$$

$R = \frac{1}{n-1} [W, \ Z]^{\mathrm{T}} [W, \ Z]$ 式表明相关矩阵 R 是对称非负定阵，可以证明 R 的主对角线上的元素全为1，事实上，R_{11} 是第一组指标间的相关矩阵，R_{22} 是第二组指标间的相关矩阵，由主成分分析法知，R_{11} 和 R_{22} 的主对角线上的元素全为1，因此 R 的主对角线上的元素全为1。

第四步：计算特征值和特征向量。

分别计算矩阵 $R_{11}^{-1} R_{12} R_{22}^{-1} R_{21} \in R^{p \times p}$ 和 $R_{22}^{-1} R_{21} R_{11}^{-1} R_{12} \in R^{q \times q}$ 的前 k 个最大特征值 $\lambda_1 \geqslant \cdots \geqslant \lambda_k \geqslant 0$ 及对应的标准正交化特征向量 $e_1, \cdots, \ e_k \in R^p$ 和 $d_1, \cdots, \ d_k \in R^q$。

这里需要说明的是：

第一，虽然矩阵 $R_{11}^{-1} R_{12} R_{22}^{-1} R_{21} \in R^{p \times p}$ 和 $R_{22}^{-1} R_{21} R_{11}^{-1} R_{12}$ 的阶数可能不同，但在不考虑重数的前提下，它们有完全相同的特征值；

第二，由于假设了每组指标均为独立指标，且指标间不含重复信息，所以矩阵 R_{11} 和 R_{22} 均为对称正定阵，从而逆矩阵 R_{11}^{-1} 和 R_{22}^{-1} 存在。

第五步：令

$$U_j = e_j^{\mathrm{T}} R_{11}^{-1/2} x, \ j = 1, \cdots, \ k$$

$$V_j = d_j^{\mathrm{T}} R_{22}^{-1/2} y, \ j = 1, \cdots, \ k$$

其中 $x = (x_1, \cdots, \ x_p)^{\mathrm{T}}$，$y = (y_1, \cdots, \ y_q)^{\mathrm{T}}$ 是指标向量，称（U_j，V_j）为第 j 对典型变量，称 $\rho_{U_j V_j} = \sqrt{\lambda_j}$ 为第 j 个典型相关系数，这里需要注意的是：

第一，$R_{11}^{-1/2} \left(R_{22}^{-1/2} \right)$ 的具体含义是指 $R_{11}^{-1/2} \cdot R_{11}^{-1/2} = R_{11}^{-1}$；

第二，第 j 对典型变量是指对应于第 j 大特征值的典型变量。

第六步：从第一对典型变量开始分析两组指标间的相关程度。

典型相关系数 $\rho_{U_j V_j} = \sqrt{\lambda_j}$ 越小，说明第 j 对典型变量所反映出的指标间的相关程度

越低。

典型变量所反映出的相关程度主要体现在系数绝对值较大的指标之间，具体地说，就是U_1中系数绝对值较大的那些指标与V_1中系数绝对值较大的那些指标有较高的相关性，或者说U_1中的这些指标主要受V_1中的这些指标的影响。

第五节 聚类分析法

将研究对象进行分类是人类认识世界的一种重要方法。比如：有关时间进程的研究，就形成了历史学；有关空间地域的研究，就形成了地理学。事实上，分门别类地对事物进行研究，要远比在一个混杂多变的集合中进行研究更清晰、明了和细致，这是因为同一类事物会具有更多的相似性。

通常，人们可以凭借经验和专业知识来实现分类，而聚类分析作为一种定量方法，将从数据分析的角度，给出一个更准确、更细致的分类工具。聚类分析又称群分析，是对多个样本或多个指标（特征）进行定量分类的一种多元统计分析方法，给出n个研究对象$\{w_1,\cdots,w_n\}$，m个指标$\{P_1,\cdots,P_m\}$，第i个研究对象w_i的指标值构成一个行向量$x_i=(x_{i1},\cdots,x_{im})$，$i=1,\cdots,n$。称每个研究对象或其对应的指标向量为一个样本，对样本进行分类的称为 Q 型聚类分析法（也称样本聚类分析法），对指标进行分类的称为 R 型聚类分析法（也称指标聚类分析法）。

一、Q 型聚类分析法（样本聚类分析法）

Q 型聚类分析法（简称 Q 型聚类法）是对样本进行分类的，是根据样本间的相似性和样本类间的相似性将样本$\{x_1,\cdots,x_n\}$分成$k(k\leqslant n)$个类。在 Q 型聚类法中，一般是用距离来度量相似性的，距离越小，相似性越强，常用的距离有以下几种。

（一）样本间的距离

1. 绝对值距离

$$d(x,y)=\sum_{j=1}^{m}\left|x_j-y_j\right|$$

其中

$$x=(x_1,\cdots,x_m),\ y=(y_1,\cdots,y_m)\in R^m$$

2. 欧氏距离

$$d(x,\ y) = \sqrt{\sum_{j=1}^{m}\left(x_j - y_j\right)^2}$$

3. 切比雪夫距离

$$d(x,\ y) = \max_{1 \leqslant j \leqslant m}\left|x_j - y_j\right|$$

（二）样本类间的距离

给出两个样本类G_1和G_2，G_1中含有n_1个样本，G_2中含有n_2个样本。用

$$\bar{x} = \frac{1}{n_1+n_2}\sum_{x \in G_1 \cup G_2} x,\ \bar{x}_1 = \frac{1}{n_1}\sum_{x \in G_1} x,\ \bar{x}_2 = \frac{1}{n_2}\sum_{y \in G_2} y$$

分别表示样本的整体均值和类均值。下面定义G_1和G_2间的距离。

1. 最短距离

$$D\left(G_1,\ G_2\right) = \min_{x \in G_1,\ y \in G_2}\{d(x,\ y)\}$$

即用两类中最近的两个样本间的距离作为两类之间的距离。

2. 最长距离

$$D\left(G_1,\ G_2\right) = \max_{x \in G_1,\ y \in G_2}\{d(x,\ y)\}$$

即用两类中最近的两个样本间的距离作为两类之间的距离。

3. 重心距离

$$D\left(G_1,\ G_2\right) = d\left(\bar{x}_1,\ \bar{x}_2\right)$$

即用两类类均值间的距离作为两类之间的距离。

4. 平均距离

$$D\left(G_1,\ G_2\right) = \frac{1}{n_1 n_2}\sum_{x \in G_1}\sum_{y = G_2} d(x,\ y)$$

5. 离差平方和距离

$$D\left(G_1,\ G_2\right) = D_{12} - D_1 - D_2$$

其中

$$D_1 = \sum_{x \in G_1}\left(x - \bar{x}_1\right)^{\mathrm{T}}\left(x - \bar{x}_1\right)$$

$$D_2 = \sum_{y \in G_2}\left(y - \bar{x}_2\right)^{\mathrm{T}}\left(y - \bar{x}_2\right)$$

$$D_{12} = \sum_{x \in G_1 \cup G_2}\left(x - \bar{x}\right)^{\mathrm{T}}\left(x - \bar{x}\right)$$

二、R 型聚类分析法（指标聚类分析法）

在系统分析或评估过程中，为了避免遗漏某些重要因素，往往在一开始选择指标时，尽可能多地考虑相关因素，而这样做的结果，则是指标过多，指标间的相关度高，给系统

分析和建模带来很大的不便。因此，人们希望研究指标间的相似关系，按照指标的相似关系把它们聚合成若干个类，进而找出影响系统的主要因素。

假设给出 n 个研究对象 $\{w_1,\cdots,\ w_n\}$，m 个指标 $\{P_1,\cdots,\ P_m\}$，第 i 个研究对象 w_i 的指标值为行向量 $x_i = (x_{i1},\cdots,\ x_{im})$，$i = 1,\cdots,\ n$。R 型聚类分析法（简称 R 型聚类法）是研究如何根据指标间的相似性和指标类间的相似性将指标分成 $k(k \leqslant n)$ 个类。为此，首先需要定义指标间的相似性和指标类间的相似性。

（一）指标间的相似性

指标间的相似性是用指标间的相关系数来衡量的，相关系数越大，指标间的相似性越高。设

$$X = \begin{bmatrix} x_1 \\ \vdots \\ x_n \end{bmatrix} = \begin{pmatrix} x_{11} & \cdots & x_{1m} \\ \vdots & \ddots & \vdots \\ x_{n1} & \cdots & x_{nm} \end{pmatrix} = \begin{bmatrix} x_{ij} \end{bmatrix} \in R^{n \times m}$$

是原始数据矩阵，$Z = \begin{bmatrix} z_{ij} \end{bmatrix} \in R^{n \times m}$ 是标准化数据矩阵，其中

$$z_{ij} = \frac{x_{ij} - \overline{x_j}}{S_j},\ i = 1,\cdots,\ n,\ j = 1,\cdots,\ m$$

$$\overline{x_j} = \frac{1}{n}\sum_{i=1}^{n} x_{ij},\ S_j^2 = \frac{1}{n-1}\sum_{i=1}^{n}\left(x_{ij} - \overline{x_j}\right)^2,\ S_j = \sqrt{S_j^2},\ j = 1,\cdots,\ m$$

令

$$R = \begin{bmatrix} r_{jk} \end{bmatrix} = \frac{1}{n-1} Z^{\mathrm{T}} Z \in R^{m \times m}$$

称 R 是指标间的相关矩阵，称 r_{jk} 是指标 P_j，P_k 间的相关系数。r_{jk} 值越大，P_j，P_k 间的相似性越高。

（二）指标类间的相似性

在 R 型聚类法中，指标类间的相似性常用指标类间的距离来衡量，距离越小，相似性越高。而指标类间的距离又常用最长距离法或最短距离法来定义，具体方法如下（设 G_1 和 G_2 是两个指标类）。

1. 最大距离法

G_1 和 G_2 间的距离定义为

$$R\left(G_1,\ G_2\right) = \max_{x_i \in G_1,\ x_1 \in G_j} \left\{d_{ij}\right\}$$

其中 $d_{ij} = 1 - \left|r_{ij}\right|$ 或 $d_{ij} = \sqrt{1 - r_{ij}^2}$，即指标类间的距离 $R\left(G_1,\ G_2\right)$ 与两指标类中的最小相似系数有关。

2. 最小距离法

G_1 和 G_2 间的距离定义为

$$R\left(G_1,G_2\right)=\min_{x_j\in G_1,x_i\in G_j}\left\{d_{ij}\right\}$$

其中 $d_{ij}=1-\left|r_{ij}\right|$ 或 $d_{ij}=\sqrt{1-r_{ij}^2}$，即指标类间的距离 $R(G_1,\ G_2)$ 与两指标类中的最大相似系数有关。

（三）R 型聚类法的基本步骤

第一步：计算指标间的相关系数 r_{ij}，构造指标相关矩阵 $R=\left[r_{ij}\right]_{m\times m}$。

第二步：将每一个指标作为一个类，形成 m 个类，这时的平台高度为1。

第三步：合并相似性最大的类，并且以这个最大的相似性作为新的平台高度。

第四步：重复第三步，直至合并为一个类为止，这时的平台高度达到最小。

第五步：画出指标聚类图或指标聚类表。

第六步：决定指标类的个数和具体的指标类。

第六节　两类判断分析法

在实际生活中，存在大量需要我们准确分类的问题，如一个医生要对病人的病情进行分析，以判断该病人属于哪种类型的疾病，应该用何种手段治疗。例如非典型肺炎和典型肺炎的治疗方法就不同，经营管理人员要对产品进行分类，判断它们的销售情况是"畅销"还是"滞销"，等等。总之，有一些实际问题，往往需要对它们进行较客观、准确、科学的分类，分类的方法有很多，如聚类分类法、判断分析法、支持向量机等。

设有样本总体 $Z=\{x:x\in R^m\}$，其中包含若干个子类 $P_1,\cdots,\ P_n$，每个子类在总体中所占的比例分别为 $P_1,\cdots,\ P_n$ 且 $\sum P_i=1$。假设每个子类本身具有概率分布或概率密度 $\zeta_i(x)$，$i=1,\cdots,\ n$。在总体 Z 中随机取出一个样本 x，要判断它来自哪一个子类，这样的问题在统计分析上称为判断问题。

判断样本 x 属于哪一个子类，不能凭空臆断，需要一个客观的科学准则，这个准则被称为判别法则，确定判别法则的过程叫作判别分析。若总体 Z 中有两个子类，则称两类判别分析；若总体 Z 中有多个（≥3）子类，则称多类判别分析。

一、两类判别分析法的基本思想

用一个市场预测的例子来说明两类判别分析的基本思想。

问题：预测某产品在一个时期内是"畅销"还是"滞销"。根据以往该产品的销售情况可知，该产品的销售好坏不仅与产品价格有关，而且与市民收入也有关。因此，可以用产品价格和市民收入这两个指标来预测该产品的销售好坏。

问题分析：设 x_1 表示产品价格，x_2 表示市民收入。假定调查了几个（n 个）时期的产品价格、市民收入及产品的销售情况，得到了 n 组数据，从而得到了该产品是"畅销"还是"滞销"两种情况。设 r 组数据为"畅销"情况，l 组数据为"滞销"情况且 $r+l=n$，于是 n 组数据可分别表示如下：

畅销类（A 类）：$\left\{\left(x_{11}^0,\ x_{12}^0\right),\cdots,\left(x_{r1}^0,\ x_{r2}^0\right)\right\}$

滞销类（B 类）：$\left\{\left(x_{11}^1,\ x_{12}^1\right),\cdots,\left(x_{l1}^1,\ x_{l2}^1\right)\right\}$

首先利用软件打出 n 组数据在 $x_1 - x_2$ 坐标面上的散点图：

利用散点图，我们可以从直观上做出某种判断，在预测或分类时，着重关注的问题是如何寻找分界线 L。一般情况下，分界线 L 是一条曲线，这种情况下利用支持向量机方法进行分类更为方便。但这里只考虑 L 是直线的情况，并设其对应的方程为 $c_0 + c_1 x_1 + c_2 x_2 = 0$。

若某个时期的数据 $(x_1,\ x_2)$ 满足 $c_0 + c_1 x_1 + c_2 x_2 > 0$，即 $c_1 x_1 + c_2 x_2 > -c_0$，也就是说，$(x_1,\ x_2)$ 在分界线 L 的上方，则预测产品在这个时期是畅销；若 $(x_1,\ x_2)$ 满足 $c_0 + c_1 x_1 + c_2 x_2 < 0$，即 $c_1 x_1 + c_2 x_2 < -c_0$，则预测产品在这个时期是滞销，这种预测方法就是判别分析法。

在利用判别分析法进行预测或分类时，前提是两类数据之间有一条较为明显的线性分界线 $c_1 x_1 + c_2 x_2 = -c_0$。称该线性分界线对应的函数 $y = c_1 x_1 + c_2 x_2$ 为线性判别函数，称 $c_1,\ c_2$ 为判别系数，称 $y_0 = -c_0$ 为临界值。所谓判别分析，就是根据某种判别准则，确定判别系数 $c_1,\ c_2$ 和临界值 y_0。

二、Fishier 判别准则和判别函数

假设预测或分类问题有 p 个指标 $\{X_1,\cdots,\ X_p\}$，有 n 组观察或调查得到的样本数据 $\left\{x_i = \left(x_{i1},\cdots,\ x_{ip}\right)\right\}_{i=1}^n$，且这些数据可分为两类：A 类和 B 类（如 A 为畅销类，B 为滞销类），不妨设 A 类含有 s 个样本；B 类含有 t 个样本且 $n = s+t$，记

$$W^{\mathrm{A}} = \left[w_1^0,\cdots,\ w_p^0\right] = \begin{bmatrix} x_1^0 \\ \vdots \\ x_s^0 \end{bmatrix} = \begin{pmatrix} x_{11}^0 & \cdots & x_{1p}^0 \\ \vdots & \ddots & \vdots \\ x_{s1}^0 & \cdots & x_{sp}^0 \end{pmatrix}_{s\times p}$$

$$W^{\mathrm{B}} = \begin{bmatrix} w_1^1, \cdots, & w_p^1 \end{bmatrix} = \begin{bmatrix} x_1^1 \\ \vdots \\ x_r^1 \end{bmatrix} = \begin{pmatrix} x_{11}^1 & \cdots & x_{1p}^1 \\ \vdots & \ddots & \vdots \\ x_{t1}^1 & \cdots & x_{tp}^1 \end{pmatrix}_{t \times p}$$

其中 $w_1^0, \cdots, \ w_p^0 \in R^s$, $w_1^1, \cdots, \ w_p^1 \in R^t$ 分别是 W^{A} 和 W^{B} 的列向量, $x_1^0, \cdots, \ x_s^0 \in R^p$, $x_1^1, \cdots, \ x_t^1 \in R^p$ 分别是 W^{A} 和 W^{B} 的行向量。

用 $\overline{w_j^0}, \overline{w_j^1} \in R (j = 1, \cdots, \ p)$ 分别表示列向量 w_j^0 和 w_j^1 的均值, 即 W^{A} 和 W^{B} 的列均值。判别分析法就是根据这些数据, 在适当的判别准则下, 确定线性判别函数

$$y = c_1 x_1 + \cdots + c_p x_p$$

其中 $c = \left(c_1, \cdots, \ c_p \right)^{\mathrm{T}} \in R^p$ 为判别系数向量, 并找出临界值 y_0。

设线性判别函数对 A 类数据有判别值:

$$y_i^0 = c_1 x_{i1}^0 + \cdots + c_p x_{ip}^0 = x_i^0 c, \ \ i = 1, \cdots, \ s$$

对 B 类数据有判别值:

$$y_j^1 = c_1 x_{j1}^1 + \cdots + c_p x_{jp}^1 = x_j^1 c, \ \ j = 1, \cdots, \ t$$

记

$$y^4 = \frac{1}{s} \sum_{i=1}^s y_i^0 = \frac{1}{s} \sum_{i=1}^s x_i^0 c = \left(\frac{1}{s} \sum_{i=1}^s x_i^0 \right) c = \overline{w_1^0} c_1 + \cdots + \overline{w_p^0} c_p \in R$$

$$y^n = \frac{1}{t} \sum_{j=1}^t y_j^1 = \frac{1}{t} \sum_{j=1}^t x_j^1 c = \left(\frac{1}{t} \sum_{j=1}^t x_j^1 \right) c = \overline{w_1^1} c_1 + \cdots + \overline{w_p^1} c_p \in R$$

称 y^{A} 和 y^{B} 分别为 A 类和 B 类的类判别值, 它们是两个实数, 为了使 A, B 两类之间有明显的区别, 自然希望:

$\left(y^{\mathrm{A}} - y^{\mathrm{B}} \right)^2$ 越大越好, 即两类的类判别值之间的距离越大越好, 这反映出两类判别值越远离越好, 越容易判别;

同类样本的判别值与其类判别值的距离越小越好, 即

$$\sum_{i=1}^s \left(y_i^0 - y^{\mathrm{A}} \right)^2 + \sum_{j=1}^t \left(y_j^1 - y^{\mathrm{B}} \right)^2$$

越小越好, 这反映出同类样本的判别值越接近越好, 越容易判别。

于是有 Fishier 判别准则:

$$\max L \left(c_1, \cdots, \ c_p \right) = \frac{\left(y^{\mathrm{A}} - y^{\mathrm{B}} \right)^2}{\sum\limits_{i=1}^s \left(y_i^0 - y^{\mathrm{A}} \right)^2 + \sum\limits_{j=1}^t \left(y_j^1 - y^{\mathrm{B}} \right)^2}$$

由于 Fishier 判别准则是无约束最优化问题, 为了得到判别系数 $c_1, \cdots, \ c_p$, 令

$$\frac{\partial L \left(c_1, \cdots, \ c_p \right)}{\partial c_j} = 0, \ \ j = 1, \cdots, \ p$$

可得到一个由 p 个未知量 $c_1,\cdots,c_p$，p 个方程组成的线性方程组，求此线性方程组，便可得到判别系数 $c_1,\cdots,c_p$。

三、线性判别函数的检验

如前所述，在利用两类判断分析法时，首先要求两类的样本数据点之间有较为明显的区别，或者说从统计意义上讲，应该有较为明显的区别，否则两类判别分析法就失去了意义。为此，需要对线性判别函数的有效性进行统计检验，具体步骤如下：

第一步：计算观测值 $F_{\mathrm{g}}=\left(\dfrac{s\times t}{s+t}\cdot\dfrac{s+t-p-1}{p}\right)\left|y^A-y^B\right|$。

第二步：给定显著性检验水平 α。一般情况下，取 $\alpha=0.01$ 或 $\alpha=0.05$。

第三步：查自由度为 $(p,\ s+t-p-1)$ 的 F 分布表，得临界值 $F_\alpha(p,\ s+t-p-1)$。

第四步：进行检验。

若 $F_{\mathrm{g}}\geqslant F_\alpha(p,\ s+t-p-1)$，则判别函数有效，可用来进行判断；

若 $F_{\mathrm{g}}<F_\alpha(p,\ s+t-p-1)$，则判别函数无效，不能用来进行判断。

四、计算步骤

由于推导线性方程组的过程比较烦琐，我们在这里不做过多讨论，而是直接给出计算步骤。

第一步：分类写出原始数据矩阵 W^A 和 W^B；

第二步：算出 W^A，W^B 的各列列均值：

$$\overline{w_j^0}=\frac{1}{s}\sum_{i=1}^v x_{ij}^0,\overline{w_j^1}=\frac{1}{t}\sum_{i=1}^t x_{ij}',\ j=1,\cdots,\ p$$

第三步：计算离差矩阵 $S_A=A^{\mathrm{T}}A$，$S_B=B^{\mathrm{T}}B$ 和矩阵 $S=S_A+S_B$，其中

$$A=\begin{pmatrix} x_{11}^0-\overline{w_1^0} & \cdots & x_{1p}^0-\overline{w_p^0} \\ \vdots & \ddots & \vdots \\ x_{s1}^0-\overline{w_1^0} & \cdots & x_{sp}^0-\overline{w_p^0} \end{pmatrix}$$

$$B=\begin{pmatrix} x_{11}^1-\overline{w_1^1} & \cdots & x_{1p}^1-\overline{w_p^1} \\ \vdots & \ddots & \vdots \\ x_{t1}^1-\overline{w_1^1} & \cdots & x_{tp}^1-\overline{w_p^1} \end{pmatrix}_A$$

第四步：解线性方程组

$$S\begin{pmatrix} c_1 \\ \vdots \\ c_p \end{pmatrix}=\begin{pmatrix} \overline{w_1^0}-\overline{w_1^1} \\ \vdots \\ \overline{w_p^0}-\overline{w_p^1} \end{pmatrix}$$

得

$$c^* = \begin{pmatrix} c_1^* \\ \vdots \\ c_p^* \end{pmatrix} = S^{-1} \begin{pmatrix} \overline{x_1^0} - \overline{x_1^1} \\ \vdots \\ \overline{x_p^0} - \overline{x_p^1} \end{pmatrix}$$

第五步：构造线性判别函数 $y = c_1^* x_1 + \cdots + c_p^* x_p$；

第六步：对线性判别函数的有效性进行检验，若有效，进入下一步，否则，改用其他分类方法；

第七步：计算 A，B 两类的类判别值和临界值 y_0

$$y^A = c_1^* \overline{w_1^0} + \cdots + c_p^* \overline{w_p^0}, \quad y^B = c_1^* \overline{w_1^1} + \cdots + c_p^* \overline{w_p^1}, \quad y_0 = \frac{s y^A + t y^B}{s + t}$$

第八步：判断分类

任给一个待判别的样本 $\overline{x} = (\overline{x}_1, \cdots, \overline{x}_p)$，它的判别值为 $\overline{y} = c_1^* \overline{x}_1 + \cdots + c_p^* \overline{x}_p$。

下分四种情况进行判断：

第一种：若临界值 $y_0 < y^A$ 且 $\overline{y} \geq y_0$，则判断样本 $\overline{x} = (\overline{x}_1, \cdots, \overline{x}_p)$ 属于 A 类。这是因为：$y_0 < y^A$ 表明 A 类在线性分界线 L 的上方，而当 $\overline{y} \geq y_0$ 时，表明样本 $\overline{x}$ 也在分界线 L 的上方，因此判断其属于 A 类。同理有：

第二种：若临界值 $y_0 < y^A$ 且 $\overline{y} < y_0$，则判断样本 $\overline{x} = (\overline{x}_1, \cdots, \overline{x}_p)$ 属于 B 类。

第三种：若临界值 $y_0 < y^B$ 且 $\overline{y} \geq y_0$，则判断样本 $\overline{x} = (\overline{x}_1, \cdots, \overline{x}_p)$ 属于 B 类。

第四种：若临界值 $y_0 < y^B$ 且 $\overline{y} < y_0$，则判断样本 $\overline{x} = (\overline{x}_1, \cdots, \overline{x}_p)$ 属于 A 类。

五、判别函数与回归方程之间的关系

引入一个虚拟变量 y 来表示分类结果，$y = 1$ 表示属于 A 类，$y = 0$ 表示属于 B 类，利用统计回归的方法，建立虚拟变量 y 和 $\{x_1, \cdots, x_p\}$ 之间的关系：

$$y = \beta_0 + \beta_1 x_1 + \cdots + \beta_p x_p + \varepsilon$$

利用最小二乘法，可以证明：

$$\begin{pmatrix} \beta_1^* \\ \vdots \\ \beta_p^* \end{pmatrix} = S^{-1} \begin{pmatrix} \overline{w_1^0} - \overline{w_1^1} \\ \vdots \\ \overline{w_p^0} - \overline{w_p^1} \end{pmatrix} = \begin{pmatrix} c_1^* \\ \vdots \\ c_p^* \end{pmatrix}$$

即 $\beta_i^* = c_i^*$，$i = 1, \cdots, p$，线性判别函数为

$$y = c_1^* x_1 + \cdots + c_p^* x_p$$

回归方程为

$$y = \beta_0^* + \beta_1^* x_1 + \cdots + \beta_p^* x_p$$

也就是说，线性判别函数和回归方程在形式上要么一致，要么相差一个常数 β_0^*。根据这一事实，可以得到下面两个结论：

第一，利用统计回归的方法可以求出线性判别函数；

第二，利用两类判断分析法的思想可以分析回归方程。

第三章 线性规划方法及其应用

第一节 线性规划模型的建立

线性规划是数学规划的一个重要组成部分,它起源于工业生产组织管理的决策问题,数学上它用来确定多变量线性函数在变量满足线性约束条件下的最优值。电子计算机的发展及数学软件包的出现,使得线性规划的求解变得相当简便。因此,线性规划在工农业、军事、交通运输、科学试验等领域的应用日趋广泛。

一、线性规划模型的标准型

线性规划模型的目标函数可以是求最大值,也可以是求最小值,约束条件的不等号可以是小于等于也可以是大于等于。这种模型形式上的多样性给模型的求解带来不便,为此有必要给出线性规划的标准形式。一般地,线性规划问题的标准型为

$$\max(\min) \quad z = \sum_{i=1}^{n} c_i x_i$$

$$\text{s. t.} \quad \sum_{j=1}^{n} a_{ij} x_j \leqslant (\geqslant, =) b_i \quad i = 1, 2, \cdots, m$$

$$x_j \geqslant 0 \quad j = 1, 2, \cdots, n$$

写成矩阵形式为

$$\max(\min) \quad z = c^{\mathrm{T}} x$$

$$\text{s. t.} \quad Ax \leqslant (\geqslant, =) b$$

$$x \geqslant 0$$

式中, $x = (x_1, x_2, \cdots, x_n)^{\mathrm{T}}$ 为决策向量; $c = (c_1 + c_2, \cdots, + c_n)^{\mathrm{T}}$ 为目标函数的系数向量; $b = (b_1 \cdot b_2, \cdots, b_m)^{\mathrm{T}}$ 为常数向量, $A = (a_{ij})_{m \times n}$ 为系数矩阵,则有

$$c^{\mathrm{T}} = (80, 90), \quad A = \begin{pmatrix} 3 & 4 \\ 0.35 & 0.25 \end{pmatrix}, \quad b = \begin{pmatrix} 300 \\ 21 \end{pmatrix}$$

二、线性规划模型的标准型

线性规划模型的目标函数可以是求最大值，也可以是求最小值，约束条件的不等号可以是小于等于也可以是大于等于。这种模型形式上的多样性给模型的求解带来不便，为此有必要给出线性规划的标准形式。一般地，线性规划问题的标准型为

$$\min z = c^{\mathrm{T}} x$$
$$\text{s. t.} \quad Ax = b$$
$$x \geqslant 0$$

不是标准型的线性规划都可以化为标准型。若目标函数为求最大值，在目标函数前加一负号，即可将原问题转化为在相同约束条件下求最小值。若约束条件中有不等号"≤"或"≥"号，则可在"≤（≥）"号的左端加上（或减去）一个非负变量（称为松弛变量）使其变成等号约束。如 $4x_1 + 5x_2 \geqslant 6$ 变为 $4x_1 + 5x_2 - x_3 = 6$。若约束条件带有绝对值号，如 $|a_1x_1 + a_2x_2| \leqslant b$，则可等价转化为：$\begin{cases} a_1x_1 + a_2x_2 \leqslant b \\ a_1x_1 + a_2x_2 \geqslant -b \end{cases}$。若决策变量没有非负限制，称为自由变量。例如 $x_1 \in (-\infty, +\infty)$ 为自由变量，则可引入 $y_1 \geqslant 0$，$y_2 \geqslant 0$，令 $x_1 = y_1 - y_2$ 代入模型即可。

三、可转化为线性规划的问题

很多看起来并非线性规划的问题也可以通过变换转化为线性规划问题来解决，如问题为

$$\min |x_1| + |x_2| + \cdots + |x_n|$$
$$\text{s.t.} \quad Ax \leqslant b$$

式中，$x = \begin{bmatrix} x_1 & \cdots & x_n \end{bmatrix}^{\mathrm{T}}$；$A$ 和 b 为相应维数的矩阵和向量。

要把上面的问题转换成线性规划问题，只要注意到事实：对任意的 x_i，存在 u_i，$v_i > 0$ 满足

$$x_i = u_i - v_i, |x_i| = u_i + v_i$$

事实上，只要取 $u_i = \dfrac{x_i + |x_i|}{2}$，$v_i = \dfrac{|x_i| - x_i}{2}$ 就可以满足上面的条件。

这样，记 $u = \begin{bmatrix} u_1 & \cdots & u_n \end{bmatrix}^{\mathrm{T}}$，$v = \begin{bmatrix} v_1 & \cdots & v_n \end{bmatrix}^{\mathrm{T}}$，可把上面的问题变成

$$\min \sum_{i=1}^{n} (u_i + v_i)$$

$$\text{s.t.} \begin{cases} A(u-v) \leqslant b \\ u, \ v \geqslant 0 \end{cases}$$

通过一个实际应用说明建立数学模型的一般过程，以及如何将其转化为线性规划模型。

第二节 线性规划的求解方法

一、线性规划解的概念和基本理论

对于线性规划的标准模型

$$\min z = c^{\mathrm{T}} x$$
$$\text{s. t.} \quad Ax = b$$
$$x \geqslant 0$$

定义 3.1：满足约束条件式 s.t. $Ax = b$ 和式 $x \geqslant 0$ 的向量 $x = (x_1 + x_2, \cdots, x_n)^{\mathrm{T}}$，称为线性规划问题的可行解，所有可行解构成的集合称为可行域；使目标函数达到最小值的可行解叫最优解。

线性规划问题的可行域和最优解有如下结论：

定理 3.1：如果线性规划问题存在可行域，则其可行域是凸集。

定理 3.2：如果线性规划问题的可行域有界，则问题的最优解一定在可行域的顶点上达到。

二、单纯形法

单纯形法是求解线性规划问题最常用、最有效的算法之一。单纯形法最早于 20 世纪 40 年代末期提出，多年来，虽有许多变形体已经开发，但却保持着同样的基本观念。由定理 3.2 可知，如果线性规划问题的最优解存在，则一定可以在其可行区域的顶点中找到。基于此，单纯形法的基本思路是：先找出可行域的一个顶点，据一定规则判断其是否最优；若否，则转换到与之相邻的另一顶点，并使目标函数值更优；如此下去，直到找到某一最优解为止。我们对于单纯形法不做具体介绍，有兴趣的读者可以参看其他线性规划书籍。这里着重介绍用数学软件来求解线性规划问题。

三、利用 MATLAB 求解线性规划问题

设线性规划问题的数学模型为

$$\min z = c^T x$$

$$Ax \leqslant b$$

$$\text{s. t.} \quad Aeq \cdot x = beq$$

$$lb \leqslant x \leqslant ub$$

式中，Aeq 表示等号约束；beq 表示相应的常数项；lb、ub 分别表示决策变量 x 的上、下限。

MATLAB 中求解上述模型的命令如下：

$x=linprog（c，A，b，Aeq，beq，lb，ub）$

注意，如果没有某种约束，则相应的系数矩阵和右端常数项为空矩阵，用［］代替；如果某个 x_i 下无界或上无界，可设定 $lb(1)=-inf$ 或 $ub(1)=inf$；用［x，$fval$］代替上述各命令行左边的 x 则可同时得到最优值。当求解有指定迭代初值 x_o 时，求解命令如下：

$x=linprog（c，A，b，Aeq，beq，lb，ub，x_o）$

例：某部门在今后5年内考虑给下列项目投资：

项目1，从第一年到第四年每年年初需要投资，并于次年末收回本利115%；

项目2，第三年初需要投资，到第五年末收回本利125%，但规定最大的投资额不超过4万元；

项目3，第二年初需要投资，到第五年末收回本利140%，但规定最大的投资额不超过2万元；

项目4，五年内每年初可购买国债，于当年末还，并加利息6%。

设该部门现有资金10万元，问应如何确定这些项目的投资额，使第五年末拥有的资金本利总额最大？

解：设 $x_{ij}(i=1,2,3,4,5; j=1,2,3,4)$ 表示第 i 年年初投资于项目 j 的金额。根据题意可得

第一年：$x_{11}+x_{14}=10$

第二年：$x_{21}+x_{23}+x_{24}=(1+6\%)x_{14}$

第三年：$x_{31}+x_{32}+x_{34}=1.15x_{11}+1.06x_{24}$

第四年：$x_{41}+x_{44}=1.15x_{21}+1.06x_{34}$

第五年：$x_{54}=1.15x_{31}+1.06x_{44}$

对项目2和项目3的投资有限额的规定，有 $x_{32}\leqslant4$，$x_{23}\leqslant3$

第五年末该部门拥有的资金本利总额为

$$S=1.40x_{23}+1.25x_{32}+1.15x_{41}+1.06x_{54}$$

建立线性规划模型：

$$\max S = 1.40x_{23} + 1.25x_{32} + 1.15x_{41} + 1.06x_{54}$$

$$\text{s. t.} \quad x_{11} + x_{14} = 10$$

$$x_{21} + x_{23} + x_{24} - 1.06x_{14} = 0$$

$$x_{31} + x_{32} + x_{34} - 1.15x_{11} - 1.06x_{24} = 0$$

$$x_{41} + x_{44} - 1.15x_{21} - 1.06x_{34} = 0$$

$$x_{54} - 1.15x_{31} - 1.06x_{44} = 0$$

$$x_{32} \leqslant 4$$

$$x_{23} \leqslant 3$$

$$x_{ij} \geqslant 0, \quad i = 1,2,\cdots,5; \quad j = 1,2,\cdots,4$$

对应的 MATLAB 求解程序为

$c = [0,0,0,-1.4,0,0,-1.25,0,-1.15,0,-1.06]$；

$A = [0, 0, 0, 0, 0, 0, 19\ 0, 0, 0, 0; 0, 0, 0, 1, 0, 0, 0, 0, 0, 0, 0]$；

$b = [4；3]$；

$Aeq = [1, 1, 0, 0, 0, 0, 0, 0, 0, 0, 0; 0, -1.06, 1, 1, 1, 0, 0, 0, 0, 0, 0; -1.15, 0, 0, 0, -1.06, 1, 1, 1, 0, 0, 0; 0, 0, -1.15, 0, 0, 0, 0, -1.06, 1, 1, 0; 0, 0, 0, 0, 0, 0, -1.15, 0, 0, 0, -1.06, 1]$；

$beq = [10；0；0；0；0]$；

$lb = zeros（11，1）$；

$[x, fval] = linprog（c, A, b, Aeq, beq, lb）$

输出结果为

$x =$

6.5508 3.4492 0.6561 3.0000 0.0000 2.0066 4.0000 1.5268 2.3730 0.0000 2.3076

$fval =$

−14.3750

即第五年末该部门拥有的最大资金总额为 14.375 万元，盈利 43.75%。

四、利用 LINGO 求解线性问题

LINGO 是用于求解最优化问题的一个数学软件，它的主要功能是求解线性、非线性和整数规划问题。它具有运行速度快、模型输入简练直观和内置建模语言能方便描述较大规模的优化模型等特点。

（一）LINGO 的基本用法

启动 LINGO 后，可以在标题为"LINGO Model-LINGO1"的模型窗口中直接输入类

似于数学公式的小型规划模型。在 LINGO 中，输入总是以"MODEL"开始，以"END"结束；中间的语句之间必须以"；"分开；LINGO 不区分字母的大小写；目标函数用"MAX=…；"或"MIN=…；"给出（注意有等号"="）。在 LINGO 中所有的函数均以"@"符号开始，函数中变量的界定如下：

@GIN（X）：限制 X 为整数；

@BIN（X）：限定变量 X 为 0 或 1；

@FREE（X）：取消对 X 的符号限制（即可取任意实数包括负数）；

@BND（L，X，U）：限制 $L < =X < =U$。

（二）用 LINGO 编程语言建立模型

直接输入模型适用于规模较小的问题，如果模型的变量和约束条件比较多时，直接输入很容易导致输入错误。LINGO 提供了引入集合概念的建模语言，为建立大规模问题提供了方便。下面我们以运输规划模型为例说明如何使用 LINGO 建模语言求解问题。

运输问题的数学模型：设某商品有 m 个产地、n 个销地，各产地的产量分别为 a_1，…，a_m，各销地的需求量分别为 b_1,…，b_n。若该商品由 i 产地运到 j 销地的单位运价为 c_{ij}，问应该如何调运才能使总运费最省？

模型建立：引入变量 x_{ij}，其取值为由 i 产地运往 j 销地的商品数量，则数学模型为

$$\min \sum_{i=1}^{m} \sum_{j=1}^{n} c_{ij} x_{ij}$$

$$\text{s. t.} \begin{cases} \sum_{j=1}^{n} x_{ij} \leqslant a_i, & i=1,\cdots,\ m \\ \sum_{i=1}^{m} x_{ij} = b_j, & j=1,2,\cdots,\ n \\ x_{ij} \geqslant 0, & i=1,\cdots,\ m,\ j=1,2,\cdots,\ n \end{cases}$$

实际应用：现在某公司拥有 6 个仓库，向其 8 个客户供应它的产品。要求每个仓库供应不能超量，每个客户的需求必须得到满足。库存货物总数分别为 60，55，51，43，41，52，客户的需求量分别为 35，37，22，32，41，32，43，38。从仓库到客户的单位货物运价如表 3-1 所示。某公司需要决策从每个仓库运输多少产品到每个销售商，以使得所花的运输费用最少？

表 3-1 仓库到客户的单位货物运价

仓库	客户							
	V1	V2	V3	V4	V5	V6	V7	V8
WH1	6	2	6	7	4	2	5	9
WH2	4	9	5	3	8	5	8	2
WH3	5	2	1	9	7	4	3	3
WH4	7	6	7	3	9	2	7	1
WH5	2	3	9	5	7	2	6	5
WH6	5	5	2	2	8	1	4	3

1. 定义变量集合

LINGO 允许在 SETS 段定义某些相关对象于同一个集合内。集合段以关键字 SETS 开始，以关键字 ENDSETS 结束。一旦定义了集合，LINGO 可以提供大量的集合循环函数（例如：@FOR），通过简单的调用它们的语句就可以操作集合内的所有元素。在本例中，可定义如下的三个集合：仓库集、客户集和运输路线集。具体定义为

SETS：

WAREHOUSES/WH1 WH2 WH3 WH4 WH5 WH6/：CAPACITY；

VENDORS/V1 V2 V3 V4 V5 V6 V7 V8/：DEMAND；

LINKS（WAREHOUSES，VENDORS）：COST，VOLUME；

ENDSETS

其中，前两个集合称为基本集合，基本集合的定义格式为：集合名／成员列表／：集合属性。例如 WAREHOUSES 是集合名，WH1…WH6 表示该集合有 6 个成员，分别对应 6 个仓库。CAPACITY 可以看成是一个一维数组，有 6 个分量，分别表示各仓库现有货物的总数。

最后的 LINKS 集合称为派生集合，它是由基本集合 WAREHOUSES 和 VENDORS 派生出来的一个二维集合。LINKS 成员取 WAREHOUSES 和 VENDORS 的所有可能组合，即集合 LINKS 有 48 个成员分别代表着 48 条运输路线。48 个成员可以排成一个矩阵，其行数等于 WAREHOUSES 集合成员的个数，其列数等于 VENDORS 集合成员的个数。两个属性 COST 和 VOLUME 都相当于一个二维数组，分别表示仓库到客户的单位货物运价和仓库到客户的货物运量。上述集合 LINKS 的成员包含了两个基本集合的所有可能组合，这种派生集合称为稠密集合。有时候，在实际问题中，一些属性可能只在一部

分组合上有定义而不是在所有可能组合上有定义,这种派生集合称为稀疏集合。例如在本例中,若 WH1 只能给 V2,V5,V6,V7 供货;WH2 只能给 V1,V3,V4,V6,V8 供货;WH3 只能给 V1,V2,V3,V6,V7,V8 供货;WH4 只能给 V4,V6,V8 供货;WH5 只能给 V1,V2,V4,V6,V8 供货;WH6 只能给 V1,V2,V3,V4,V6,V8 供货。则可以定义如下的稀疏集合:

LINKS(WAREHOUSES,VENDORS)/

WH1,V2 WH1,V5 WH1,V6 WH1,V7

WH2,V1 WH2,V3 WH2,V4 WH2,V6 WH2,V8

WH3,V1 WH3,V2 WH3,V3 WH3,V6 WH3,V7 WH3,V8

WH4,V4 WH4,V6 WH4,V8

WH5,V1 WH5,V2 WH5,V4 WH5,V6 WH5,V8

WH6,V1 WH6,V2 WH6,V3 WH6,V4 WH6,V6 WH6,V8/:COST,VOLUME;

上述定义稀疏集合的方法是将其元素通过枚举一一列出。当元素较多时,还可以采用元素过滤的方法定义稀疏集合,具体可参考有关参考书。

2. 集合变量赋值

LINGO 允许用户在数据段中对已知属性赋以初始值,比如下面是这个例子的数据段:

DATA:

CAPACITY=60 55 51 43 41 52;

DEMAND=35 37 22 32 41 32 43 38;

COST=6 2 6 7 4 2 5 9

4 9 5 3 8 5 8 2

5 2 1 9 7 4 3 3

7 6 7 3 9 2 7 1

2 3 9 5 7 2 6 5

5 5 2 2 8 1 4 3;

ENDDATA

派生集合的赋值有个顺序问题,在这里它先初始化 COST(WH1,V1),即把 6 赋给 COST(WH1,V1),接下来是从 COST(WH1,V2)到 COST(WH1,V8),然后是 COST(WH2,V1),以此类推。对于稀疏集合,也可采用类似的方法赋值。

3. 目标函数描述

本例的目标函数用 LINGO 语言可表示为

MIN=@SUM（LINKS（L J）：COST（L J）*VOLUME（I，J））；

其中 @SUM 是 LINGO 提供的内部函数，其作用是对某个集合的所有元素求指定表达式的和，在本例中其相当于求 $\sum_{i=1}^{6}\sum_{j=1}^{8}c_{ij}x_{ij}$。

4. 变量约束

在本例中约束条件 $\sum_{j=1}^{8}x_{ij}\leqslant a_i$，$i=1,\cdots,6$ 包含了 6 个不等式，在 LINGO 中可用一条语句来表示：

@FOR（WAREHOUSES（I）：@SUM（VENDORS（J）：VOLUME（I，J))
≤ CAPACITY（D）；

其中 @FOR 是 LINGO 提供的集合元素循环函数，其作用是对某个集合的每个元素分别生成一个约束表达式。类似的约束条件 $\sum_{i=1}^{6}x_{ij}=b_j$，$j=1,2,\cdots,8$ 可表示为

@FOR（VENDORS（J）：@SUM（WAREHOUSES（I）：VOLUME（I，J))
=DEMAND（J））；

5. 完整模型

综合上述 1～4 点，可以在模型窗口中输入如下模型：

MODEL：

SETS：

WAREHOUSES/WH1 WH2 WH3 WH4 WH5 WH6/：CAPACITY；

VENDORS/V1 V2 V3 V4 V5 V6 V7 V8/：DEMAND；

LINKS（WAREHOUSES，VENDORS）：COST，VOLUME；

ENDSETS

DATA：

CAPACITY=60 55 51 43 41 52；

DEMAND=35 37 22 32 41 32 43 38；

COST=6 2 6 7 4 2 5 9

4 9 5 3 8 5 8 2

5 2 1 9 7 4 3 3

7 6 7 3 9 2 7 1

2 3 9 5 7 2 6 5

5 5 2 2 8 1 4 3；

ENDDATA

MIN=@SUM（LINKS（L J）：COST（L J）*VOLUME（L J））；

@FOR（VENDORS（J）：@SUM（WAREHOUSES（I）：VOLUME（I，J））=
DEMAND（J））；

@FOR（WAREHOUSES（I）：@SUM（VENDORS（J）：VOLUME（I，J））<=
CAPACITY（D））；

END

选菜单 *Lingo|Solve*（或按 Ctrl+S），或用鼠标单击"solve"按钮，可得结果如下：

Global optimal solution found

Objective value：664.0000

Total solver iterations：20

Variable	Value	Reduced Cost
CAPACITY（WH1）	60.00000	0.000000
CAPACITY（WH2）	55.00000	0.000000
CAPACITY（WH3）	51.00000	0.000000
CAPACITY（WH4）	43.00000	0.000000
CAPACITY（WH5）	41.00000	0.000000
CAPACITY（WH6）	52.00000	0.000000
DEMAND（V1）	35.00000	0.000000
DEMAND（V2）	37.00000	0.000000
DEMAND（V3）	22.00000	0.000000
DEMAND（V4）	32.00000	0.000000
DEMAND（V5）	41.00000	0.000000
DEMAND（V6）	32.00000	0.000000
DEMAND（V7）	43.00000	0.000000
DEMAND（V8）	38.00000	0.000000
COST（WH1，V1）	6.000000	0.000000
COST（WH1，V2）	2.000000	0.000000
COST（WH1，V3）	6.000000	0.000000
COST（WH1，V4）	7.000000	0.000000

COST（WH1，V5） 4.000000 0.000000
COST（WH1，V6） 2.000000 0.000000
COST（WH1，V7） 5.000000 0.000000
COST（WH1，V8） 9.000000 0.000000
COST（WH2，V1） 4.000000 0.000000
COST（WH2，V2） 9.000000 0.000000
COST（WH2，V3） 5.000000 0.000000
COST（WH2，V4） 3.000000 0.000000
COST（WH2，V5） 8.000000 0.000000
COST（WH2，V6） 5.000000 0.000000
COST（WH2，V7） 8.000000 0.000000
COST（WH2，V8） 2.000000 0.000000
COST（WH3，V1） 5.000000 0.000000
COST（WH3，V2） 2.000000 0.000000
COST（WH3，V3） 1.000000 0.000000
COST（WH3，V4） 9.000000 0.000000
COST（WH3，V6） 4.000000 0.000000
COST（WH3，V7） 3.000000 0.000000
COST（WH3，V8） 3.000000 0.000000
COST（WH4，V1） 7.000000 0.000000
COST（WH4，V2） 6.000000 0.000000
COST（WH4，V3） 7.000000 0.000000
COST（WH4，V4） 3.000000 0.000000
COST（WH4，V5） 9.000000 0.000000
COST（WH4，V6） 2.000000 0.000000
COST（WH4，V7） 7.000000 0.000000
COST（WH4，V8） 1.000000 0.000000
COST（WH5，V1） 2.000000 0.000000
COST（WH5，V2） 3.000000 0.000000
COST（WH5，V3） 9.000000 0.000000
COST（WH5，V4） 5.000000 0.000000

COST（WH5，V5）　7.000000　　　0.000000

COST（WH5，V6）　2.000000　　　0.000000

COST（WH5，V7）　6.000000　　　0.000000

COST（WH5，V8）　5.000000　　　0.000000

COST（WH6，V1）　5.000000　　　0.000000

COST（WH6，V2）　5.000000　　　0.000000

COST（WH6，V3）　2.000000　　　0.000000

COST（WH6，V4）　2.000000　　　0.000000

COST（WH6，V5）　8.000000　　　0.000000

COST（WH6，V6）　1.000000　　　0.000000

COST（WH6，V7）　4.000000　　　0.000000

COST（WH6，V8）　3.000000　　　0.000000

VOLUME（WH1，V1）0.000000　　　5.000000

VOLUME（WH1，V2）19.00000　　　0.000000

VOLUME（WH1，V3）0.000000　　　5.000000

VOLUME（WH2，V3）0.000000　　　1.000000

VOLUME（WH2，V4）32.00000　　　0.000000

VOLUME（WH2，V5）0.000000　　　1.000000

VOLUME（WH2，V6）0.000000　　　2.000000

VOLUME（WH2，V7）0.000000　　　2.000000

VOLUME（WH2，V8）0.000000　　　0.000000

VOLUME（WH3，V1）0.000000　　　4.000000

VOLUME（WH3，V2）11.00000　　　0.000000

VOLUME（WH3，V3）0.000000　　　0.000000

VOLUME（WH3，V4）0.000000　　　9.000000

VOLUME（WH3，V5）0.000000　　　3.000000

VOLUME（WH3，V6）0.000000　　　4.000000

VOLUME（WH3，V7）40.00000　　　0.000000

VOLUME（WH3，V8）0.000000　　　4.000000

VOLUME（WH4，V1）0.000000　　　4.000000

VOLUME（WH4，V2）0.000000　　　2.000000

VOLUME（WH4，V3）0.000000　　　4.000000

VOLUME（WH4，V4）0.000000　　　1.000000

VOLUME（WH4，V5）0.000000　　　3.000000

VOLUME（WH4，V6）5.000000　　　0.000000

VOLUME（WH4，V7）0.000000　　　2.000000

VOLUME（WH4，V8）38.00000　　　0.000000

VOLUME（WH5，V1）34.00000　　　0.000000

VOLUME（WH5，V2）7.000000　　　0.000000

VOLUME（WH5，V3）0.000000　　　7.000000

VOLUME（WH5，V4）0.000000　　　4.000000

VOLUME（WH5，V5）0.000000　　　2.000000

VOLUME（WH5，V6）0.000000　　　1.000000

VOLUME（WH5，V7）0.000000　　　2.000000

VOLUME（WH5，V8）0.000000　　　5.000000

VOLUME（WH5，V1）0.000000　　·　3.000000

VOLUME（WH6，V2）0.000000　　　2.000000

VOLUME（WH6，V3）22.00000　　　0.000000

VOLUME（WH6，V4）0.000000　　　1.000000

VOLUME（WH6，V5）0.000000　　　3.000000

VOLUME（WH6，V6）27.00000　　　0.000000

VOLUME（WH6，V7）3.000000　　　0.000000

VOLUME（WH6，$V8$）0.000000　　　3.000000

即目标函数值为 664.00，最优运输方案如表 3-2 所示。

表 3-2　最优运输方案

仓库	客户							
	V1	V2	V3	V4	V5	V6	V7	V8
WH1	0	19	0	0	41	0	0	0
WH2	1	0	0	32	0	0	0	0
WH3	0	11	0	0	0	0	40	0
WH4	0	0	0	0	0	0	0	38
WH5	34	7	0	0	0	0	0	0
WH6	0	0	22	0	0	27	3	0

五、灵敏度分析

灵敏度分析是指由于系统环境发生变化，而引起系统目标变化的敏感程度。在建立线性规划模型时，总是假定 a_{ij}，b_i，c_j 都是常数，但实际上这些系数往往是估计值和预测值，实际中多种原因都能引起它们的变化。如市场条件一变，c_j 值就会变化；a_{ij} 往往是因工艺条件的改变而改变；b_i 是根据资源投入后的经济效果决定的一种决策选择。因此提出两个问题：①当这些参数有一个或几个发生变化时，已求得的线性规划问题的最优解会有什么变化；②这些参数在什么范围内变化时，线性规划问题的最优解不变。灵敏性分析是线性规划理论中的重要内容，也是数学建模"模型推广与应用"部分的主要内容。利用灵敏度分析可对模型结果做进一步的研究，它们对实际问题常常是十分有益的。本节用一个实际应用介绍 LINGO 软件输出结果中有关灵敏度分析的内容。

实际应用：奶制品加工厂用牛奶生产 A、B 两种奶制品，1 桶牛奶可以在甲类设备上用 12 小时加工成 3 千克 A，或者在乙类设备上用 8 小时加工成 4 千克 B。假定根据市场需求，生产的 A、B 全部能售出，且每千克 A 获利 24 元，每千克 B 获利 16 元。现在加工厂每天能得到 50 桶牛奶的供应，每天正式工人总的劳动时间为 480 小时，并且甲类设备每天至多能加工 100 千克 A，乙类设备的加工能力没有限制。试为该厂制订一个生产计划，使每天获利最大，并进一步讨论以下 3 个附加问题。

问题 1：若用 35 元可以买到 1 桶牛奶，应否做这项投资？若投资，每天最多购买多少桶牛奶？

问题 2：若可以聘用临时工人以增加劳动时间，付给临时工人的工资最多是每小时多少？

问题 3：假设由于市场需求变化，每千克 A 的获利增加到 30 元，应否改变生产计划？

解：设每天用 x_1 桶牛奶生产 A，用 x_2 桶牛奶生产 B，每天获利 z 元。根据题意建立问题的数学模型为

$$\max z = 72x_1 + 64x_2$$
$$\text{s. t. } x_1 + x_2 \leqslant 50$$
$$12x_1 + 8x_2 \leqslant 480$$
$$3x_1 \leqslant 100$$
$$x_1 \geqslant 0, \quad x_2 \geqslant 0$$

在 LINGO 模型窗口输入：
MODEL：

$$\max z = 72x_1 + 64x_2$$
$$x_1 + x_2 \leqslant 50$$

$$12x_1+8x_2 \leqslant 480$$

$$3x_1 \leqslant 100$$

END

选择菜单"Solve",即可得到如下输出:

Global optimal solution found

Objective value:3360.000

Infeasibilities:0.000000

Total solver iterations:2

Variable	Value	Reduced Cost
x1	20.00000	0.000000
$x2$	30.00000	0.000000

Row	Slack or Surplus	Dual Price
1	3360.000	1.000000
2	0.000000	48.00000
3	0.000000	2.000000
4	40.00000	0.000000

由上述输出可知,这个线性规划的最优解为x_1=20,x_2=30,最优值为d=3 360,即用20桶牛奶生产A,30桶牛奶生产B,可获最大利润3 360元。

"Slack or Surplus"给出了松弛变量的值;第二、三行均为0,说明对最优解来讲;第一、二个约束取等号,表明原料牛奶和劳动时间已用完,这样的约束一般称为紧约束;第四行为40,说明甲类设备的能力有剩余。

"Dual Price"表示当对应约束有微小变动时,目标函数的变化率。输出结果中对应于每一个约束有一个对偶价格,如果其值为p,表示对应约束中不等式右端项若增加单位1,目标函数将增加P(对应max型问题)。第二行表示原料牛奶增加1个单位时利润增加48元,第三行表示劳动时间增加1个单位时利润增加2元;第四行表示甲类设备(非紧约束)增加1,利润增长0,即对于非紧约束,右端项的微小变动不影响目标函数。

根据"Dual Price"的值很容易回答附加问题1:用35元可以买到1桶牛奶,低于1桶牛奶使利润增加的值,当然应该做这项投资。对附加问题2,聘用临时工人以增加劳动时间,付给工人的工资应低于2元才可以增加利润,所以工资最多是每小时2元。

目标函数的系数发生变化时(假定约束条件不变),最优解和最优值会改变吗?为回答附加问题3,选择菜单"Range"(灵敏度分析),即可得到如下输出:Ranges in which the basis is unchanged：

Objective Coefficient Ranges

Row Variable	Current Coefficient	Allowable Increase	Allowable Decrease
X1	72.00000	24.00000	8.000000
X2	64.00000	8.000000	16.00000

Righthand Side Ranges

Row	Current RHS	Allowable Increase	Allowable Decrease
2	50.00000	10.00000	6.666667
3	480.0000	53.33333	80.00000
4	100.0000	INFINITY	40.00000

敏感性分析的作用是给出"Ranges in which the basis is unchanged"，即研究当前目标函数的系数和约束右端项在什么范围内变化时（此时假定其他系数保持不变），最优值保持不变，这包括两方面的敏感性分析内容：

上面输出的第一部分"Objective Coefficient Ranges"给出了最优解不变的条件下目标函数系数的允许变化范围：司的系数为(72-8，72+24)，即(64，96)；五的系数为(64-16，64+8)，即(48，72)。注意心系数的允许范围需要x_2的系数64不变。

用这个结果很容易回答附加问题3：若每千克 A 的获利增加到30元，则x_1的系数变为90，在允许范围内，所以不应改变生产计划。

上面输出的第二部分"Righthand Side Ranges"给出了约束右端项的变化范围：原料牛奶约束的右端为(50-6.666 667，50+10)；劳动时间约束的右端(480-53.333 332，480+80)；设备甲的加工能力约束右端为(100-40，+∞)。

对于附加问题1的第二问：虽然应该批准用35元买1桶牛奶的投资，但每天最多购买10桶牛奶。

第三节 线性规划模型应用

实际应用：某公司采用一套冲压设备生产一种罐装饮料的易拉罐，这种易拉罐是用镀锡板冲压成的，为圆柱状，包括罐身、上盖和下底。罐身高10厘米，上盖和下底的直径均为5厘米。该公司使用两种不同规格的镀锡板原料，规格1的镀锡板为正方形，边长24厘米；规格2的镀锡板为长方形，长32厘米，宽28厘米。由于生产设备和生产工艺的限制，规格1的镀锡板只能按模式1、2冲压，规格2的镀锡板只能按模式3、4冲压（见图3-1），使用模式1、2、3、4进行冲压所需时间分别为1.5秒、2秒、1秒和3秒。

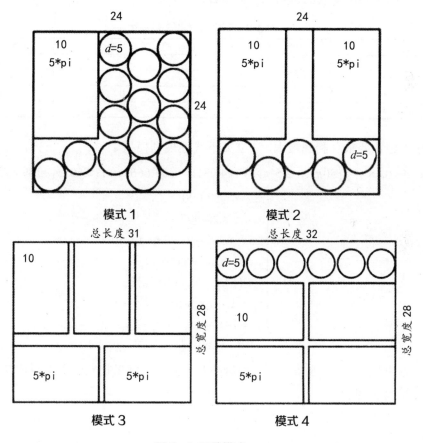

图3-1 四种模式

该公司每周工作 40 小时，每周可供使用的规格 1、2 的镀锡板原料分别为 5 万张和 2 万张，目前每只易拉罐的利润为 0.1 元，原料余料损失为 0.001 元 / 厘米^2（如果周末有罐身、上盖或下底不能配套成易拉罐出售，也看成是余料损失）。公司应如何安排每周的生产？

第一，模型假设。

生产模式转换所需时间可以忽略不计。

只考虑材料的节省，不考虑实际生成中可能遇到的其他因素。

每周生产正常进行，排除机器故障、员工问题影响生产。

原料供应充足，不存在缺料现象。

第二，符号说明。

x_i：模式 1、2、3、4 分别使用的镀锡板数量；y_1：完整易拉罐的数量；y_2：多余罐身的数量；y_3：多余罐盖（底）的数量，z：总利润。

第三，模型建立。

先计算四种不同模式的余料损失，如表 3-3 所示。

表 3-3 不同模式的余料损失

模式	罐身数量 / 个	罐底（盖）数量 / 个	余料 /cm^2
模式 1	1	14	144.031
模式 2	2	5	163.666
模式 3	5	0	110.602
模式 4	4	6	149.872

再根据题意要求总利润最大，建立如下线性规划模型：

$$\max z = 0.1 \times y_1 - \left(50\pi y_2 + 2.5^2 \pi y_3 + 144.031x_1 + 163.666x_2 + 110.602x_3 + 149.872x_4\right) \times 0.001$$

$$\text{s. t.} \begin{cases} x_1 + x_2 \leqslant 50\,000 \\ x_3 + x_4 \leqslant 20\,000 \\ 1.5x_1 + 2x_2 + x_3 + 3x_4 \leqslant 14\,4000 \\ y_1 \leqslant x_1 + 2x_2 + 5x_3 + 4x_4 \\ y_1 \leqslant (14x_1 + 5x_2 + 6x_4)/2 \\ y_2 = x_1 + 2x_2 + 5x_3 + 4x_4 - y_1 \\ y_3 = 14x_1 + 5x_2 + 6x_4 - 2y_1 \\ x_i \geqslant 0, \ y_j \geqslant 0, \ i = 1,2,3,4, \ j = 1,2,3 \end{cases}$$

注：这里虽然 x_i 和 y_j 应是整数，但因生产量很大，可以把它们近似看成实数，从而用线性规划模型处理。

第四，LINGO 程序。

MODEL：

$$MAX=0.1*y1-0.001*（50*y2+2.5+2*y3）*3.1415926+144.031*x1$$
$$+163.666*x2+110.602*x3+149.872*x4）；$$

$x1+x2 \leqslant 50000$ ；

$x3+x4 \leqslant 20000$ ；

$1.5*x1+2*x2+x3+3*x4 \leqslant 144000$ ；

$y1 \leqslant x1+2*x2+5*x3+4*x4$ ；

$y1 \leqslant （14*x1+5*x2+6*x4）/2$ ；

$y2=x2-1+2*x2+5*x3+4*x4-y1$ ；

$y3=14*x1+5*x2+6*x4-2*y1$ ；

END

第五，求解结果及分析。

Global optimal solution found

Variable Value：8508.754

Infeasibilities：0.000000

Total solver iterations：6

Variable	Value	Reduced Cost
$Y1$	186363.6	0.000000
$Y2$	0.000000	0.2424678
$Y3$	0.000000	0.2694086E－01
$X1$	13636.36	0.000000
$X2$	36363.64	0.000000
$X3$	20000.00	0.000000
$X4$	0.000000	0.8082173E－01

Row	Slack or Surplus	Dual Price
1	8508.754	1.000000
2	0.000000	0.4363991E－01
3	0.000000	0.3163379
4	30818.18	0.000000
5	0.000000	0.000000
6	0.000000	0.000000
7	0.000000	0.8538818E－01

8	0.000000	0.7305909E − 02

由程序得出的最大利润约为 8 508 元，每周的生产安排为：模式 4 不使用，模式 1 约使用镀锡板 13 636 张，模式 2 约使用镀锡板 36 363 张，模式 3 使用镀锡板 20 000 张，共生产约 186 363 个易拉罐，多余的罐身和罐盖（底）个数均为 0。

由于对整数规划模型采用了线性规划近似处理，这里对上述结果还需做进一步分析。首先，将上述生产安排代入模型式

$$\max z = 0.1 \times y_1 - \left(50\pi y_2 + 2.5^2 \pi y_3 + 144.031 x_1 + 163.666 x_2 + 110.602 x_3 + 149.872 x_4\right) \times 0.001$$

的约束条件，得出的 y_2，y_3 均为负值，这显然不合理。进一步验证可知，当 $y_1 = 186\ 359$ 时，$y_2 = 3$，$y_3 = 1$。其次，由于规格 1 的原料共使用了 49 999 张，还剩余 1 张，而时间并没有用完，所以应把那张剩余的加工完，考虑到现在罐身余 3，罐底余 1，应按照模式 1 加工最后剩余的这张，这样还可得 4 个完整的易拉罐。

综上得每周的生产安排为：模式 1 使用 13 637 张，模式 2 使用 36 363 张，模式 3 使用 20 000 张，模式 4 不使用，共可生产易拉罐总数为 186 363，最大利润约为 8 508 元，多余的罐身为 0，罐底为 7。

第四章 非线性规划方法及其应用

第一节 非线性规划的基本概念

实际中许多较复杂的问题都可归结为一个非线性规划问题，即如果目标函数和约束条件中包含有非线性函数，则这样的规划问题称为非线性规划问题。解决这类问题要用非线性的方法，但一般说来，解决非线性的问题要比解决线性问题困难得多，不像线性规划有适用于一般情况的单纯形法。线性规划的可行域一般是一个凸集，如果线性规划存在最优解，则其最优解一定在可行域的边界上达到（特别是在可行域的顶点上达到）；而对于非线性规划，如果存在最优解，则可以在其可行域的任何点达到。因此，对于非线性规划问题到目前为止还没有一种适用于一般情况的求解方法，现有各种方法都有各自特定的适用范围，为此，这也是一个正处在发展中的研究学科领域。

非线性规划的问题是复杂多样的，相应的数学模型也是多样化的，只要模型中的目标函数或约束条件中包含一个非线性函数，它就是非线性规划问题。正是由于非线性规划模型的多样性和问题的复杂性，才使得相应求解方法也具有多样性和非有效性的特点。

一、非线性规划问题的数学模型

非线性规划问题的一般模型为

$$\begin{cases} \min f\left(x_1, x_2, \cdots, x_n\right) \\ h_i\left(x_1, x_2, \cdots, x_n\right) = 0, i = 1, 2, \cdots, m \\ g_j\left(x_1, x_2, \cdots, x_n\right) \geqslant 0, j = 1, 2, \cdots, l \end{cases}$$

若记 $X = \left(x_1, x_2, \cdots, x_n\right)^{\mathrm{T}} \in R \subset E^n$ 是 n 维欧氏空间中的向量（点），则其模型为

$$\begin{cases} \min f(X), \\ h_i(X) = 0, i = 1,2,\cdots, m \\ g_j(X) \geqslant 0, j = 1,2,\cdots, l \end{cases}$$

说明：

①若目标函数为最大化问题，由 $\max f(X) = -\min[-f(X)]$，令 $F(X) = -f(X)$，则 $\min F(X) = -\max f(X)$；

②若约束条件为 $g_j(X) \leqslant 0$，则 $-g_j(X) \geqslant 0$；

③$h_i(X) = 0 \Leftrightarrow h_i(X) \geqslant 0$ 且 $-h_i(X) \geqslant 0$。

于是可将非线性规划问题的一般模型写成如下形式：

$$\begin{cases} \min f(X) \\ g_j(X) \geqslant 0, j = 1,2,\cdots, m \end{cases}$$

二、几种特殊情况

（一）无约束的非线性规划

当问题无约束条件时，则此问题称为无约束的非线性规划问题，即为求多元函数的极值问题，一般模型为

$$\begin{cases} \min f(X)_{X \in R} \\ X \geqslant 0 \end{cases}$$

（二）二次规划

如果目标函数是 X 的二次函数，约束条件都是线性的，则称此规划为二次规划。二次规划的一般模型为

$$\begin{cases} \min f(X) = \sum_{j=1}^{n} c_j x_j + \sum_{j=1}^{n}\sum_{k=1}^{n} c_{jk} x_j x_k \\ \sum_{j=1}^{n} a_{ij} x_j + b_i \geqslant 0, i = 1,2,\cdots, m \\ x_j \geqslant 0, c_{jk} = c_{kj}, j, k = 1,2,\cdots, n \end{cases}$$

（三）凸规划

当模型 $\begin{cases} \min f(X) \\ g_j(X) \geqslant 0, j = 1,2,\cdots, m \end{cases}$ 中的目标函数 $f(X)$ 为凸函数，$g_j(X)(j = 1,2,\cdots, m)$ 均为凹函数 [即 $-g_j(X)$ 为凸函数]，则这样的非线性规划称为凸规划。

第二节　无约束非线性规划的解法

一、一般迭代法

迭代法是求解非线性规划问题的最常用的一种数值方法。其基本思想是：对于问题 $\begin{cases} \min f(X)_{X \in R} \\ X \geqslant 0 \end{cases}$ 而言，给出 $f(X)$ 的极小点的初始值 $X^{(0)}$，按某种规律计算出一系列的 $X^{(k)}$ $(k = 1, 2, \cdots)$，希望点列 $\{X^{(k)}\}$ 的极限 X^* 就是 $f(X)$ 的一个极小点。

实际上：向量总是由方向和长度确定，即向量 $X^{(k+1)}$ 总可以写成

$$X^{(k+1)} = X^{(k)} + \lambda_k P^{(k)} \quad (k = 1, 2, \cdots)$$

其中 $P^{(k)}$ 为一个向量，λ_k 为一个实数，称为步长，即 $X^{(k+1)}$ 可由 λ_k 及 $P^{(k)}$ 唯一确定。

实际中，各种迭代法的区别就在于寻求 λ_k 和 $P^{(k)}$ 方式的不同，特别是方向向量 $P^{(k)}$ 的确定是问题的关键，称为搜索方向。选择 λ_k 和 $P^{(k)}$ 的一般原则是使目标函数在这些点列上的值逐步减小，即

$$f\left(X^{(0)}\right) \geqslant f\left(X^{(1)}\right) \geqslant \cdots \geqslant f\left(X^{(k)}\right)$$

为此，这种算法称为下降算法，最后要检验 $\{X^{(k)}\}$ 是否收敛于最优解，即对于给定的精度 $\varepsilon > 0$，是否有 $\left\| \nabla f\left(X^{(k+1)}\right) \right\| \leqslant \varepsilon$，决定迭代过程是否结束。

二、一维搜索法

沿着一系列的射线方向 $P^{(k)}$ 寻求极小化点列的方法称为一维搜索法，这是一类方法。

对于确定的方向 $P^{(k)}$，在射线 $X^{(k)} + \lambda P^{(k)}$ $(\lambda \geqslant 0)$ 上选取步长 λ_k，使 $f\left(X^{(k)} + \lambda_k P^{(k)}\right) < f\left(X^{(k)}\right)$，则可以确定一个新的点 $X^{(k+1)} = X^{(k)} + \lambda_k P^{(k)}$，为沿射线 $X^{(k)} + \lambda P^{(k)}$ 求函数 $f(X)$ 的最小值的问题，即等价于求一元函数 $\varphi(\lambda) = f\left(X^{(k)} + \lambda P^{(k)}\right)$ 在点集 $L = \{X \mid X = X(k) + \lambda P(k), -\infty < \lambda < \infty\}$ 上的极小点 λ_k。一维搜索法是对某一个确定方向 $P^{(k)}$ 来进行的。

三、梯度法（最速下降法）

选择一个使函数值下降速度最快的方向，考虑到 $f(X)$ 在点 $X^{(k)}$ 处沿着方向 P 的方向导数为 $f_P(X^{(k)}) = \nabla f(X^{(k)})^T \cdot P$，其意义是指 $f(X)$ 在点 $X^{(k)}$ 处沿方向 P 的变化率。当 $f(X)$ 连续可微，且方向导数为负时，说明函数值沿该方向下降，方向导数越小，表明下降的速度就越快。因此，可以把 $f(X)$ 在 $X^{(k)}$ 点的方向导数最小的方向（即梯度的负方向）作为搜索方向，即令 $P^{(k)} = -\nabla f(X^{(k)})$，这就是梯度法，或最速下降法。

梯度法的计算步骤：

第一，选定初始点 $X^{(0)}$ 和给定精度要求 $\varepsilon > 0$，令 $k = 0$；

第二，若 $\left\| \nabla f(X^{(k)}) \right\| < \varepsilon$，则停止计算，$X^* = X^{(k)}$，否则令 $P^{(k)} = -\nabla f(X^{(k)})$；

第三，在 $X^{(k)}$ 处沿方向 $P^{(k)}$ 做一维搜索得 $X^{(k+1)} = X^{(k)} + \lambda_k P^{(k)}$，令 $k = k+1$，返回第二步，直到求得最优解为止。实际上，可以求得

$$\lambda_k = \frac{\nabla f(X^{(k)})^T \cdot \nabla f(X^{(k)})}{\nabla f(X^{(k)})^T \cdot H(X^{(k)}) \cdot \nabla f(X^{(k)})}$$

其中 $\nabla f(X^{(k)})$ 是函数 $f(X)$ 在点 $X^{(k)}$ 的梯度，即

$$\nabla f(X^{(k)}) = \left(\frac{\partial f(X^{(k)})}{\partial x_1}, \frac{\partial f(X^{(k)})}{\partial x_2}, \cdots, \frac{\partial f(X^{(k)})}{\partial x_n} \right)^T$$

$H(X^{(k)})$ 为函数 $f(X)$ 在点 $X^{(k)}$ 的黑塞矩阵，即

$$H(X^{(k)}) = \begin{bmatrix} \dfrac{\partial^2 f(X^{(k)})}{\partial x_1^2} & \dfrac{\partial^2 f(X^{(k)})}{\partial x_1 \partial x_2} & \cdots & \dfrac{\partial^2 f(X^{(k)})}{\partial x_1 \partial x_n} \\ \dfrac{\partial^2 f(X^{(k)})}{\partial x_2 \partial x_1} & \dfrac{\partial^2 f(X^{(k)})}{\partial x_2^2} & \cdots & \dfrac{\partial^2 f(X^{(k)})}{\partial x_2 \partial x_n} \\ \vdots & \vdots & & \vdots \\ \dfrac{\partial^2 f(X^{(k)})}{\partial x_n \partial x_1} & \dfrac{\partial^2 f(X^{(k)})}{\partial x_n \partial x_2} & \cdots & \dfrac{\partial^2 f(X^{(k)})}{\partial x_n^2} \end{bmatrix}$$

四、共轭梯度法

共轭梯度法仅适用于正定二次函数的极小值问题：

$$\min f(X) = \frac{1}{2} X^T A X + B^T X + c$$

其中 A 为 $n \times n$ 实对称正定阵，$X, B \in E^n$，c 为常数。

定义 4.1：设 A 为 $n \times n$ 实对称正定阵，若对 n 维向量 P_1 和 P_2 满足 $P_1^T A P_2 = 0$，则称向

量 P_1 和 P_2 关于 A 共轭（正交）。

从任意初始点 $X^{(1)}$ 和向量 $P^{(1)} = -\nabla f\left(X^{(1)}\right)$ 出发，由

$$X^{(k+1)} = X^{(k)} + \lambda_k P^{(k)}, \quad \lambda_k = \min_\lambda f\left(X^{(k)} + \lambda P^{(k)}\right) = -\frac{\left[\nabla f\left(X^{(k)}\right)\right]^{\mathrm{T}} P^{(k)}}{\left(P^{(k)}\right)^{\mathrm{T}} A P^{(k)}}$$

和

$$P^{(k+1)} = -\nabla f\left(X^{(k+1)}\right) + \beta_k P^{(k)}, \quad \beta_k = \frac{\left(P^{(k)}\right)^{\mathrm{T}} \cdot A \cdot \nabla f\left(X^{(k+1)}\right)}{\left(P^{(k)}\right)^{\mathrm{T}} A P^{(k)}}$$

可以得到 $\left(X^{(2)},\ P^{(2)}\right), \left(X^{(3)},\ P^{(3)}\right), \cdots, \left(X^{(n)},\ P^{(n)}\right)$，能够证明向量 $P^{(1)},\ P^{(2)},\ \cdots,\ P^{(n)}$ 是线性无关的，且关于 A 是两两共轭的，从而可以得到 $\nabla f\left(X^{(n)}\right) = 0$，则 $X^{(n)}$ 为 $f(X)$ 的极小点，这就是共轭梯度法，其计算步骤如下。

第一步：对任意初始点 $X^{(1)} \in E^n$ 和向量 $P^{(1)} = -\nabla f\left(X^{(1)}\right)$，取 $k = 1$。

第二步：若 $\nabla f\left(X^{(k)}\right) = 0$，即得到最优解，停止计算；否则求

$$X^{(k+1)} = X^{(k)} + \lambda_k P^{(k)}, \quad \lambda_k = \min_\lambda f\left(X^{(k)} + \lambda P^{(k)}\right) = -\frac{\left[\nabla f\left(X^{(k)}\right)\right]^{\mathrm{T}} P^{(k)}}{\left(P^{(k)}\right)^{\mathrm{T}} A P^{(k)}}$$

$$P^{(k+1)} = -\nabla f\left(X^{(k+1)}\right) + \beta_k P^{(k)}, \quad \beta_k = \frac{\left(P^{(k)}\right)^{\mathrm{T}} \cdot A \cdot \nabla f\left(X^{(k+1)}\right)}{\left(P^{(k)}\right)^{\mathrm{T}} A P^{(k)}}$$

$$(k = 1, 2, \cdots,\ n-1)$$

第三步：令 $k = k + 1$，返回第二步。

注：对于一般的二阶可微函数 $f(X)$，在每一点的局部可以近似地视为二次函数 $f(X) \approx f\left(X^{(k)}\right) + \nabla f\left(X^{(k)}\right)^{\mathrm{T}}\left(X - X^{(k)}\right) + \frac{1}{2}\left(X - X^{(k)}\right)^{\mathrm{T}} \nabla^2 f\left(X^{(k)}\right)\left(X - X^{(k)}\right)$。

类似地，可以用共轭梯度法处理。

五、牛顿（Newton）法

对于问题：

$$\min f(X) = \frac{1}{2} X^{\mathrm{T}} A X + B^{\mathrm{T}} X + c$$

由 $\nabla f(X) = AX + B = 0$，则由最优性条件 $\nabla f(X) = 0$，当 A 为正定时，A^{-1} 存在，于是有 $X^* = -A^{-1}B$ 为最优解。

六、拟牛顿法

对于一般的二阶可微函数 $f(X)$，在 $X^{(k)}$ 点的局部有

$$f(X) \approx f\left(X^{(k)}\right) + \nabla f\left(X^{(k)}\right)^{\mathrm{T}}\left(X - X^{(k)}\right) + \frac{1}{2}\left(X - X^{(k)}\right)^{\mathrm{T}} \nabla^2 f\left(X^{(k)}\right)\left(X - X^{(k)}\right)$$

当黑塞矩阵 $\nabla^2 f\left(X^{(k)}\right)$ 正定时，也可应用上面的牛顿法，这就是拟牛顿法，其计算步骤如下。

第一步：任取 $X^{(1)} \in E^n$，$k = 1$；

第二步：计算 $g_k = \nabla f\left(X^{(k)}\right)$，若 $g_k = 0$，则停止计算，否则计算 $H\left(X^{(k)}\right) = \nabla^2 f\left(X^{(k)}\right)$，令 $X^{(k+1)} = X^{(k)} - \left(H\left(X^{(k)}\right)\right)^{-1} g_k$；

第三步：令 $k = k+1$，返回第二步。

这种方法虽然简单，但选取初始值是比较困难的，选取不好可能不收敛。另外，对于一般的目标函数很复杂，或 X 的维数很高时，要计算二阶导数和求逆阵也是很困难的，或根本不可能。为了解决这个问题，对上面的方法进行修正，即修正搜索方向，避免求二阶导数和逆矩阵，其他的都与拟牛顿法相同，这就是下面的变尺度法。

七、变尺度法

变尺度法的计算步骤如下。

第一步：任取 $X^{(0)} \in E^n$ 和 $H^{(0)}$（一般取反 $H^{(0)} = I$ 为单位阵），计算 $P^{(0)} = -H^{(0)} \cdot \nabla f\left(X^{(0)}\right)$，$k = 0$；

第二步：若 $\nabla f\left(X^{(k)}\right) = 0$，则停止计算，否则令 $X^{(k+1)} = X^{(k)} + \lambda_k P^{(k)}$，其中 λ_k 为最佳步长，由 $\min_\lambda f\left(X^{(k)} + \lambda P^{(k)}\right) = f\left(X^{(k)} + \lambda_k P^{(k)}\right)$ 确定；

第三步：计算 $\delta_{k+1} = X^{(k+1)} - X^{(k)}$，$\gamma_{k+1} = \nabla f\left(X^{(k+1)}\right) - \nabla f\left(X^{(k)}\right)$，

$$H^{(k+1)} = H^{(k)} + \frac{\delta_{k+1} \cdot \delta_{k+1}^{\mathrm{T}}}{\delta_{k+1}^{\mathrm{T}} \cdot \gamma_{k+1}} - \frac{H^{(k)} \cdot \gamma_{k+1} \cdot \gamma_{k+1}^{\mathrm{T}} \cdot H^{(k)}}{\gamma_{k+1}^{\mathrm{T}} \cdot H^{(k)} \cdot \gamma_{k+1}}$$

$$P^{(k+1)} = -H^{(k+1)} \cdot \nabla f\left(X^{(k+1)}\right)$$

第四步：令 $k = k+1$；返回第二步。

上面介绍了几种常用的无约束非线性规划问题的求解方法，每一种方法的使用都是有条件的，对一般问题而言，任何一种方法也都不是总有效的，实际中要根据实际问题选择应用。

第三节　带约束条件的非线性规划问题

带约束条件的非线性规划问题与无约束条件的非线性规划问题相比要复杂，特别是问题可行域的非凸性，使得一般问题的求解方法从理论上变化更复杂。

一、非线性规划问题的最优性条件

在给出非线性规划问题的最优性条件之前，为了说明方便，我们首先引入两个概念。

定义 4.2：设 $X^{(0)}$ 是非线性规划问题 $\begin{cases} \min f(X), \\ g_j(X) \geqslant 0, j=1,2,\cdots,m \end{cases}$ 的一个可行解，它使得某个约束条件 $g_j(X) \geqslant 0 (1 \leqslant j \leqslant l)$，具体有下面两种情况。

第一种：如果使 $g_j\left(X^{(0)}\right) > 0$，则称约束条件 $g_j(X) \geqslant 0 (1 \leqslant j \leqslant l)$ 是 $X^{(0)}$ 点的无效约束（或不起作用的约束）；

第二种：如果使 $g_j\left(X^{(0)}\right) = 0$，则称约束条件 $g_j(X) \geqslant 0 (1 \leqslant j \leqslant l)$ 是 $X^{(0)}$ 点的有效约束（或起作用的约束）。

实际上，如果 $g_j(X) \geqslant 0 (1 \leqslant j \leqslant l)$ 是 $X^{(0)}$ 点的无效约束，则说明位于可行域的内部，不在边界上，即当 $X^{(0)}$ 有微小变化时，此约束条件没有什么影响。而有效约束则说明 $X^{(0)}$ 位于可行域的边界上，即当 $X^{(0)}$ 有微小变化时，此约束条件起着限制作用。

定义 4.3：设 $X^{(0)}$ 是非线性规划问题 $\begin{cases} \min f(X) \\ g_j(X) \geqslant 0, j=1,2,\cdots,m \end{cases}$ 的一个可行解，D 是过此点的某一个方向，如果：

第一，存在实数 $\lambda_0 > 0$，使对任意 $\lambda \in [0, \lambda_0]$ 均有 $X^{(0)} + \lambda D \in R$，则称此方向 D 是 $X^{(0)}$ 点一个可行方向；

第二：存在实数 $\lambda_0 > 0$，使对任意 $\lambda \in [0, \lambda_0]$ 均有 $f\left(X^{(0)} + \lambda D\right) < f\left(X^{(0)}\right)$，则称此方向 D 是 $X^{(0)}$ 点一个下降方向；

第三，方向 D 既是 $X^{(0)}$ 点的可行方向，又是下降方向，则称它是 $X^{(0)}$ 点可行下降方向。

实际中，如果某个 $X^{(0)}$ 不是极小点（最优解），就继续沿着点的可行下降方向去搜索。显然，若中 $X^{(0)}$ 点存在可行下降方向，它就不是极小点；另一方面，若为极小点，则该点就不存在可行下降方向。

针对非线性规划问题 $\begin{cases} \min f(X) \\ g_j(X) \geqslant 0, j=1,2,\cdots, m \end{cases}$ 给出最优性条件：

定理 4.1：（Kuhn-Tucker）如果 X^* 是问题 $\begin{cases} \min f(X), \\ g_j(X) \geqslant 0, \quad j=1,2,\cdots, \quad m \end{cases}$ 的极小点，且对点 X^* 有效约束的梯度线性无关，则必存在向量 $\Gamma^* = \left(\gamma_1^*, \quad \gamma_2^*, \cdots, \quad \gamma_m^*\right)^{\mathrm{T}}$ 使下述条件成立：

$$\begin{cases} \nabla f\left(X^*\right) - \sum_{j=1}^{m} \gamma_j^* \nabla_{g_j}\left(X^*\right) = 0 \\ \gamma_j^* g_j\left(X^*\right) = 0, \quad j=1,2,\cdots, \quad m \\ \gamma_j^* \geqslant 0, \quad j=1,2,\cdots, \quad m \end{cases}$$

此条件称为库恩－塔克（Kuhn-Tucker）条件，简称为 K-T 条件，满足 K-T 条件的点称 K-T 点。

类似地，如果 X^* 是问题 $\begin{cases} \min f(X) \\ h_i(X) = 0, \quad i=1,2,\cdots, \quad m \\ g_j(X) \geqslant 0, \quad j=1,2,\cdots, \quad l \end{cases}$ 的极小点，且对点 X^* 所有有效约束的梯度 $\nabla h_i\left(X^*\right)$ $(i=1,2,\cdots, \quad m)$ 和 $\nabla g_j\left(X^*\right)(j=1,2,\cdots, \quad l)$ 线性无关，则必存在向量 $\Lambda^* = \left(\lambda_1^*, \quad \lambda_2^*, \cdots, \quad \lambda_m^*\right)^{\mathrm{T}}$ 和 $\Gamma^* = \left(\gamma_1^*, \quad \gamma_2^*, \cdots, \quad \gamma_i^*\right)^{\mathrm{T}}$ 使下面的 K-T 条件成立：

$$\begin{cases} \nabla f\left(X^*\right) - \sum_{i=1}^{m} \lambda_i^* \nabla h_i\left(X^*\right) - \sum_{j=1}^{l} \gamma_j^* \nabla g_j\left(X^*\right) = 0 \\ \gamma_j^* g_j\left(X^*\right) = 0, \quad j=1,2,\cdots, \quad l \\ \gamma_j^* \geqslant 0, \quad j=1,2,\cdots, \quad l \end{cases}$$

将满足 K-T 条件的点也称为 K-T 点，其中 $\lambda_1^*, \lambda_2^*, \cdots, \lambda_m^*$ 和 $\gamma_1^*, \gamma_2^*, \cdots, \gamma_i^*$ 称为广义 Lagrange 乘子。

库恩－塔克条件是非线性规划最重要的理论基础，是确定某点是否为最优解（点）的必要条件，但一般不是充分条件，即满足这个条件的点不一定是最优解，但对于凸规划它一定是最优解的充要条件。

二、非线性规划的可行方向法

考虑非线性规划问题 $\begin{cases} \min f(X) \\ g_j(X) \geqslant 0, j=1,2,\cdots, \quad m \end{cases}$，假设 $X^{(k)}$ 是该问题的一个可行解，但不是最优解，为了进一步寻找最优解，在它的可行下降方向中选取其一个方向 $D^{(k)}$，并确定最佳步长 λ_k 使得

$$\begin{cases} X^{(k+1)} = X^{(k)} + \lambda_k D^{(k)} \in R, \\ f\left(X^{(k+1)}\right) < f\left(X^{(k)}\right), \end{cases} \quad k = 0,1,2,\cdots$$

反复进行这一过程，直到得出满足精度要求的解为止，这种方法称为可行方向法。

可行方向法的主要特点是：因为迭代过程中所采用的搜索方向总为可行方向，所以产生的迭代点列$\{X^{(k)}\}$始终在可行域R内，且目标函数值不断地单调下降。可行方向法实际上是一类方法，最典型的是Zoutendijk可行方向法。

定理4.2：设X^*是问题$\begin{cases} \min f(X) \\ g_j(X) \geqslant 0, \ j = 1,2,\cdots, \ m \end{cases}$的一个局部极小点，函数$f(X)$和$g(X)$在$X^*$处均可微，则在$X^*$点不存在可行下降的方向，从而不存在向量$D$同时满足

$$\begin{cases} \nabla f\left(X^*\right)^{\mathrm{T}} D < 0 \\ \nabla g_j\left(X^*\right)^{\mathrm{T}} D > 0, \ j = 1,2,\cdots, \ m \end{cases}$$

实际上，由

$$\begin{cases} f\left(X^* + \lambda D\right) = f\left(X^*\right) + \lambda \nabla f\left(X^*\right)^{\mathrm{T}} D + o(\lambda) \\ g_j\left(X^* + \lambda D\right) = g_j\left(X^*\right) + \lambda \nabla g_j\left(X^*\right)^{\mathrm{T}} D + o(\lambda) \end{cases}$$

可知这个定理的结论是显然的，否则就与X^*是极小点矛盾。

Zoutendijk可行方向法：设$X^{(k)}$点的有效约束集非空，则$X^{(k)}$点的可行下降方向$D = (d_1, \ d_2,\cdots, \ d_n)^{\mathrm{T}}$必满足

$$\begin{cases} \nabla f\left(X^{(k)}\right)^{\mathrm{T}} D < 0 \\ \nabla g_j\left(X^{(k)}\right)^{\mathrm{T}} D > 0, \ j \in J \end{cases}$$

又等价于

$$\begin{cases} \nabla f\left(X^{(k)}\right)^{\mathrm{T}} D \leqslant \eta \\ -\nabla_j\left(X^{(k)}\right)^{\mathrm{T}} D \leqslant \eta, \ j \in J \\ \eta < 0 \end{cases}$$

其中J是有效约束的下标集，此问题可以转化为求下面的线性规划问题：

$\min \eta$

$$\begin{cases} \nabla f\left(X^{(k)}\right)^{\mathrm{T}} D \leqslant \eta \\ -\nabla g_j\left(X^{(k)}\right)^{\mathrm{T}} D \leqslant \eta, \ j \in J \\ -1 \leqslant d_i \leqslant 1, \ i = 1,2,\cdots, \ n \end{cases}$$

其中最后一个约束是为了求问题的有限解，即只需要确定D的方向，只要确定单位

向量即可。

如果求得 $\eta = 0$，则在 $X^{(k)}$ 点不存在可行下降方向，$X^{(k)}$ 就是 K-T 点，如果求得 $\eta < 0$，则可以得到可行下降方向 $D^{(k)}$，这就是 Zoutendijk 可行方向法。

实际中，利用 Zoutendijk 可行方向法得到可行下降方向 $D^{(k)}$ 后，用求一维极值的方法求出最佳步长 λ_k，则再进行下一步的迭代

$$\begin{cases} X^{(k+1)} = X^{(k)} + \lambda_k D^{(k)} \in R \\ f\left(X^{(k+1)}\right) < f\left(X^{(k)}\right) \end{cases} \quad k = 0,1,2,\cdots$$

第四节　带约束条件的非线性规划问题的解法

带约束条件的非线性规划问题的常用解法是制约函数法，其基本思想是：将求解非线性规划问题转化为一系列无约束的极值问题来求解，故此方法也称为序列无约束最小化方法。在无约束问题的求解过程中，对企图违反约束的那些点给出相应的惩罚约束，迫使这一系列的无约束问题的极小点不断地向可行域靠近（若在可行域外部），或者一直在可行域内移动（若在可行域内部），直到收敛到原问题的最优解为止。

常用的制约函数可分为两类：惩罚函数（简称罚函数）和障碍函数，从方法来讲分为外点法（或外部惩罚函数法）和内点法（或内部惩罚函数法，即障碍函数法）。

外点法：对违反约束条件的点在目标函数中加入相应的"惩罚约束"，而对可行点不予惩罚，此方法的迭代点一般在可行域的外部移动。

内点法：对企图从内部穿越可行域边界的点在目标函数中加入相应的"障碍约束"，距边界越近，障碍越大，在边界上给以无穷大的障碍，从而保证迭代一直在可行域内部进行。

一、外点法（惩罚函数法）

（一）对于等式约束的问题

$$\begin{cases} \min f(X) \\ h_i(X) = 0, \quad i = 1,2,\cdots, \ m \end{cases}$$

作辅助函数

$$P_1(X, \ M) = f(X) + M \sum_{j=1}^{m} h_j^2(X)$$

取 M 为充分大的正数，则问题 $\begin{cases} \min f(X) \\ h_i(X)=0, \ i=1,2,\cdots,\ m \end{cases}$ 可以转化为求无约束问题

$\min_X P_1(X,\ M)$ 的解的问题。如果其最优解 X^* 满足或近似满足 $h_j(X^*)=0(j=1,2,\cdots,\ m)$,

即是原问题 $\begin{cases} \min f(X) \\ h_i(X)=0, \ i=1,2,\cdots,\ m \end{cases}$ 的可行解，或近似可行解，则 X^* 就是原问题

$\begin{cases} \min f(X) \\ h_i(X)=0, \ i=1,2,\cdots,\ m \end{cases}$ 的最优解或近似解。

由于 M 是充分大的数，在求解的过程中对求 $\min_X P_1(X,\ M)$ 起着限制作用，即限制

X^* 成为极小点，因此，称 $P_1(X,\ M)$ 为惩罚函数，其中第二项 $M\sum_{j=1}^{m} h_j^2(X)$ 称为惩罚项，M

称为惩罚因子。

（二）对于不等式约束的问题

$\begin{cases} \min f(X) \\ g_j(X)\geqslant 0, \ j=1,2,\cdots,\ m \end{cases}$，同样可构造惩罚函数，即对充分大的 M 作函数

$$P_2(X,\ M)=f(X)+M\sum_{j=1}^{m}\Big[\min\big\{0,\ g_j(X)\big\}\Big]^2$$

则问题 $\begin{cases} \min f(X) \\ g_j(X)\geqslant 0, \ j=1,2,\cdots,\ m \end{cases}$ 可以转化为求 $\min_X P_2(X,\ M)$ 的问题。

（三）对于一般的问题

$\begin{cases} \min f(X) \\ h_i(X)=0, \ i=1,2,\cdots,\ m \\ g_j(X)\geqslant 0, \ j=1,2,\cdots,\ l \end{cases}$ 也可构造出惩罚函数，即对于充分大的 M 作辅助函数：

$$P_3(X,\ M)=f(X)+MP(X)$$

其中 $P(X)=\sum_{i=1}^{m}|h_i(X)|^2+\sum_{j=1}^{l}\Big[\min\big\{0,\ g_j(X)\big\}\Big]^2$，则将原问题 $\begin{cases} \min f(X) \\ h_i(X)=0, \ i=1,2,\cdots,\ m \\ g_j(X)\geqslant 0, \ j=1,2,\cdots,\ l \end{cases}$ 化为求

$\min_X P_3(X,\ M)$ 的问题。

在实际中，惩罚因子 M 的选择十分重要，一般的策略是取一个趋向无穷大的严格递增正数列 $\{M_k\}$，逐个求解

$$\min_X P_3(X,\ M_k)=f(X)+M_k P(X)$$

于是可得到一个极小点的序列 $\{X_k^*\}$，在一定的条件下，这个序列收敛于原问题的最优解。因此，这种方法又称为序列无约束极小化方法，简称为 SUMT 方法。

SUMT 方法的迭代步骤如下。

第一步：取此 $M_1 > 0$（例如 $M_1 = 1$），允许误差 $\varepsilon > 0$，并取 $k = 1$。

第二步：以 $X^{(k-1)}$ 为初始值，求解无约束问题

$$\min_X P_i(X, M_k) = f(X) + M_k P_i(X), 1 \leqslant i \leqslant 3$$

其中

$$P_1(X) = \sum_{i=1}^{m} h_i^2(X), \quad P_2(X) = \sum_{j=1}^{m} \left[\min\{0, g_j(X)\} \right]^2$$

$$P_3(X) = \sum_{i=1}^{m} |h_i(X)|^2 + \sum_{j=1}^{l} \left[\min\{0, g_j(X)\} \right]^2$$

第三步：若 $M_k P_i(X^{(k)}) < \varepsilon$，则停止计算，即得到近似解 $X^{(k)}$；否则令 $M_{k+1} = cM_k$（例如 $c=5$ 或 10），令 $k = k+1$，转回第二步。

二、内点法（障碍函数法）

由于内点法总是在可行域内进行的，并一直保持在可行域内进行搜索，因此这种方法只适用于不等式约束的问题 $\begin{cases} \min f(X) \\ g_j(X) \geqslant 0, \ j=1,2,\cdots, \ m \end{cases}$，作辅助函数（障碍函数）

$$Q(X, r) = f(X) + rB(X)$$

其中 $B(X)$ 是连续函数，$rB(X)$ 称为障碍项；r 为充分小的正数，称为障碍因子。

注意到，当点 X 趋向于可行域 R 的边界时，要使 $B(X)$ 趋向于正无穷大，则 $B(X)$ 的最常用的两种形式为

$$B(X) = \sum_{j=1}^{m} \frac{1}{g_j(X)}$$

$$B(X) = -\sum_{j=1}^{m} \ln\left[g_j(X) \right]$$

由于 $B(X)$ 的存在，在可行域 R 的边界上形成了"围墙"，对迭代点的向外移动起到了阻挡作用，而越靠近边界阻力就越大。这样，当点 X 趋向于 R 的边界时，则障碍函数 $Q(X, r)$ 趋向于正无穷大；否则，$Q(X, r) \approx f(X)$。因此，问题可以转化为求解问题：

$$\min_{X \in R_0} Q(X, r)$$

其中 $R_0 = \left\{ X \mid g_j(X) \right\} > 0, \ j=1,2, \cdots, \ m$ 表示可行域 R 的内部。

根据 $Q(X, r)$ 定义，显然障碍因子越小，$\min_{X \in R_0} Q(X, r)$ 的解就越接近于原问题的解。因此，在实际计算中，也采用 SUMT 方法，即取一个严格单调减少且趋于 0 的障碍因子数列 $\{r_k\}$，对于每一个 r_k，从 R_0 内的某点出发，求解 $\min_{X \in R_0} Q(X, r_k)$。

内点法的计算步骤如下。

第一步：取 $r_1>0$（例如 $r_1=1$），允许误差 $\varepsilon>0$，并取 $k=1$。

第二步：以 $X^{(k-1)}\in R_0$ 为初始值，求解无约束问题

$$\min_{X\in R_0}Q(X,\ r_k)=f(X)+r_kB(X)$$

不妨设极小点为 $X^{(k)}$。

第三步：若 $r_kB\left(X^{(k)}\right)<\varepsilon$，则停止计算，即得到近似解 $X^{(k)}$；否则令 $r_{k+1}=\beta r_k$（例如 $\beta=1/5$ 或 $1/10$ 称为缩小系数），令 $k=k+1$，转回第二步。

三、LINGO 软件解法

（一）非线性规划模型

$$\begin{cases}\min f(X)\\ h_i(X)=0,\ i=1,2,\cdots,\ m\\ g_j(X)\geqslant0,\ j=1,2,\cdots,\ l\end{cases}$$ 的 LINGO 模型

MODEL：

sets：

num_i/1..m/；m 为具体数值

num_j/1..L/；L 为具体数值

num_k/1..n/：x0，x；n 为具体数值

endsets

init：

x0=x0（1），x0（2），…，x0（n）；赋初始值

endinit

[OBJ]min=f（x）；目标函数的表达式

@for（num_i（i）：hi（x）==0；）；目标函数的表达式

@for（num_j（j）：gj（x）≥0；）；等式约束条件

@for（num_k（k）：x（k）≥0）；END 不等式约束条件

（二）二次规划模型

$$\begin{cases}\min f(X)=\sum_{j=1}^{n}c_jx_j+\sum_{j=1}^{n}\sum_{k=1}^{n}c_{jk}x_jx_k\\ \sum_{j=1}^{n}a_{ij}x_j+b_i\geqslant0,\ i=1,2,\cdots,\ m\\ x_j\geqslant0,\ c_{jk}=c_{kj},\ j,\ k=1,2,\cdots,\ n\end{cases}$$ 的 LINGO 模型

MODEL：

sets：

num_i/1..m/：b；1m 为具体数值

num_j/1..n/：c，x；1n 为具体数值

num_k/1..n/；

Link_ij（num_i，num_j）/：a；

Link_jk（num_i，num_k）/：C；

endsets

data：

以下赋值语句中的参数均为具体数值；

c=c（1），c（2），…，c（n）；

b=b（1），b（2），…，b（m）；

a=a（1，1），a（1，2），…，a（1，n），a（2，1），…，a（m，n）；

C=C（l，1），C（l，2），…，C（1，n），C（2，1），…，C（n，n）；

enddata

init：

X0=x0（1），x0（2），…，x0（n）；赋初始值；

endinit

[OBJ]min=@sum（num_j（j）：c（j）*x（j））

+@sum（link_jk（j，k）：C（j，k）*x（j）*x（k））；

@for（num_i（i）：@sum（num_J（j）：a（i，j）*x（j））+b（i）≥0；）；

@for（num_j（j）：x（j）≥0；）；

END

第五节　非线性规划方法的应用

一、奶制品的加工计划问题

（一）问题的提出

某奶制品加工厂用牛奶生产A_1，A_2两种初级奶制品，它们可以直接出售，也可以分别加工成B_1，B_2两种高级奶制品再出售。按目前技术每桶牛奶可加工成2　$kg A_1$和3　$kg A_2$，每桶牛奶的买入价为10元，加工费为5元，加工时间为15 h，每千克出可深加工成0.8　$kg B_1$，加工费为4元，加工时间为12 h；每千克A_2可深加工成0.7　kg B_2，加工费为3元，加工时间为10 h。初级奶制品A_1，A_2的售价分别为10元/kg和9元/kg，高级奶制品B_1，B_2的售价分别为30元/kg和20元/kg，工厂现有的加工能力每周总共2 000　h，根据市场状况，高级奶制品的需求量占全部奶制品需求量的20%～40%，试在供需平衡的条件下为该厂制订（一周的）生产计划，使利润最大，并进一步研究如下问题。

问题1：工厂拟拨一笔资金用于技术革新，据估计可实现下列革新中的某一项：总加工能力提高10%；各项加工费用均减少10%；初级奶制品A_1，A_2的产量提高10%，高级奶制品B_1，B_2的产量提高10%，问将资金用于哪一项革新，这笔资金的上限（对于一周）应为多少？

问题2：该厂的技术人员又提出一项技术革新，将原来的每桶牛奶可加工成2　$kg A_1$和3　$kg A_2$变为每桶牛奶可加工成4　$kg A_1$或6　$kg A_2$假设其他条件都不变，问可否采用这项革新？若采用，生产计划如何？

问题3：根据市场经济规律，初级奶制品A_1，A_2的售价都要随着它们两者销售量的增加而减少；同时，在深加工过程中，单位成本会随着它们各自加工数量的增加而减小，在高级奶制品的需求量占全部奶制品需求量20%的情况下，市场调查得到一批数据（如表4-1），试根据此市场实际情况对该厂的生产计划进行修正（设其他条件不变）。

表 4-1　奶制品市场的调查数据

A_1销售量	20	25	50	55	65	65	80	70	85	90
A_2销售量	210	230	170	190	175	210	150	190	190	190
A_1售价	15.2	14.4	14.2	12.7	12.2	11	11.9	11.5	10	9.6
A_2售价	11	9.6	13	10.8	11.5	8.5	13	10	9.2	9.1
A_1深加工量	40	50	60	65	70	75	80	85	90	100
A_1深加工费	5.2	4.5	4.0	3.9	3.6	3.6	3.5	3.5	3.3	3.2
A_2深加工量	60	70	80	90	95	100	105	105	115	120
A_2深加工费	3.8	3.3	3.0	2.9	2.9	2.8	2.8	2.8	2.7	2.7

注：表中数量单位是 kg，费用单位是元 /kg。

（二）问题的分析

A_1，B_1，A_2，B_2 的售价分别为 $p_1 = 10$ 元 /kg，$p_2 = 30$ 元 /kg，$p_3 = 9$ 元 /kg，$p_4 = 20$ 元 /kg，牛奶的购入和加工费用为 $q_1 = 10+5 = 15$ 元 / 桶，深加工 A_1，A_2 的费用分别为 $q_2 = 4$ 元 /kg，$q_3 = 3$ 元 /kg。每桶牛奶可加工成 $a = 2$ kg A_1 和 $b = 3$ kg A_2，每千克可深加工成 $c = 0.8$ kg B_1，每千克 A_2 可深加工成 $d = 0.7$ kg B_2，每桶牛奶的加工时间为 15 h，每千克 A_1，A_2 的深加工时间分别为 12 h，10 h，工厂的总加工能力为 $S = 2\,000$ h，B_1，B_2 的销售量（即产量）占全部奶制品的比例为 20%～ 40%。

记出售 A_1，B_1 的数量分别为 x_1，x_2，出售 A_2，B_2 的数量分别为 x_3，x_4，生产 A_1，A_2 的数量分别为 x_5，x_6，购入和加工牛奶的数量为 x_7 桶，深加工的 A_1，A_2 的数量分别为 x_8，x_9。

（三）模型的建立与求解

根据上面的分析，在供需平衡的条件下，要使得该加工厂的加工生产利润最大化，其加工生产计划应满足下面的线性规划模型：

$$\max z = 10x_1 + 30x_2 + 9x_3 + 20x_4 - 15x_7 - 4x_8 - 3x_9$$

$$\begin{cases} x_5 = 2x_7, \quad x_6 = 3x_7, \quad x_2 = 0.8x_8, \quad x_4 = 0.7x_9 \\ x_5 = x_1 + x_8 \\ x_6 = x_3 + x_9 \\ 15x_7 + 12x_8 + 10x_9 \leqslant 2\,000 \\ 0.2\left(x_1 + x_2 + x_3 + x_4\right) \leqslant x_2 + x_4 \leqslant 0.4\left(x_1 + x_2 + x_3 + x_4\right) \\ x_1, \ x_2, \ x_3, \ x_4, \ x_5, \ x_6, \ x_7, \ x_8, \ x_9 \geqslant 0 \end{cases}$$

这是一个较复杂的线性规划模型，在这里利用 LINGO 软件求解，给出 LINGO 模型如下。

MODEL：

sets：

num/1..9/：c，x；

endsets

data：

c=10，30，9，20，0，0，-15，-4，-3；

enddata

[OBJ]max=@sum（num（i）：c（i）*x（i））；

x（2）=0.8*x（8）；

x（4）=0.7*x（9）；

x（5）=2*x（7）；

x（6）=3*x（7）；

x（5）=x（1）+x（8）；

x（6）=x（3）+x（9）；

15*x（7）+12*x（8）+10*x（9）≤2000；

0.2*（x（1）+x（2）+x（3）+x（4））≤（2）+x（4）；

0.4*（x（1）+x（2）+x（3）+x（4））≥（2）+x（4）；

@for（num（i）：x（i）≥0；）；

END

在 LINGO 系统中运行该程序，则可以得到问题的最优解为

$$X=\left(x_1,x_2,x_3,x_4,x_5,x_6,x_7,x_8,x_9\right)$$

$$=（55.28，65.04，204.88，0，136.59，204.88，68.29，81.30，0）$$

其目标函数的最优值为 z=2 998.37，如果对所解得的 X 值作适当的取整处理，则可以得到（一周的）生产计划，即购入、加工68桶牛奶，加工成136 kg的A_1及204 kg的A_2，其中55 kg的A_1直接出售，81 kg的A_1再加工成64.8 kg的B_1出售，而204 kg的A_2则全部直接出售，这样可获得利润为2 986元。

如果在模型中加上购入和加工牛奶的桶数x_7为整数的约束，那么线性规划模型就变为混合线性规划模型，在上面的 LINGO 模型中加上"@gin（x（7））；"一条语句，则可以求得最优解为

$$X=\left(x_1,x_2,x_3,x_4,x_5,x_6,x_7,x_8,x_9\right)$$

$$=（54.33，65.33，204，0，136，204，68，81.67，0）$$

而且目标函数的最优值（总获利润）为 z=2 992.7，与上面的结果稍有差别。

由此结果可知，加工能力2 000 h已用足，且加工每增1 h可获利1.499 2元；高级奶制品的产量在全部奶制品产量的占有比例达到下限20%，而按上面给出的计划实施可算出加工能力为1 992 h，高级奶制品的产量比例为20.01%，因此，这个计划是可行的。

（四）关于革新项目的研究

问题1：合理使用革新资金

第一，总加工能力提高10%，即5=2 200 h，由线性规划模型式求解得最大利润为z=3 298.2元。

第二，各项加工费用均减少10%，即$q_1 = 14.5$元／桶，$q_2 = 3.6$元/kg，$q_3 = 2.7$元/kg，由线性规划模型式得最大利润为z=3 065元。

第三，初级奶制品A_1，A_2的产量提高10%，即$a = 2.2$ kg，$b = 3.3$ kg，由线性规划模型式得最大利润为z=3 242.5元。

第四，高级奶制品B_1，B_2的产量提高10%，即c=0.88 kg，d=0.77 kg，由线性规划模型式得最大利润为z=3 233.8元。

比较以上四项革新项目所得的利润可知，应将资金用于提高加工能力上，一周最大获利为3 298.2元，比原获利增加3 298.2-2 998.4=299.8，所以这笔资金的上限（对于一周）应为300元。

问题2：论证新的革新方案

题目给出的又一技术革新，是将原来的每桶牛奶可加工成品2 kg A_1和3 kg A_2变为每桶牛奶可加工成4 kg A_1或6 kg A_2只要将模型线性规划模型中的约束条件$x_5 = 2x_7$，$x_6 = 3x_7$改为$\dfrac{x_5}{4} + \dfrac{x_6}{6} = x_7$，利用LINGO求解得

$$X = \left(x_1,\ x_2,\ x_3,\ x_4,\ x_5,\ x_6,\ x_7,\ x_8,\ x_9\right) =$$

（0，67.3684，269.4737，0，84.2105，269.4737，65.9649，84.2105，0）

对X作适当的取整处理后，即可得到相应的生产计划：

购入并加工66桶牛奶，用21桶加工成84 kg的A_1，用45桶加工成270 kg的A_2；将84 kg的A_1全部再加工成67.2 kg的B_1出售，而将270 kg的A_2全部直接出售。

这样，该工厂的获得总利润为3 120元，大于原来的2 986元，加工时间为1 998 h，高级奶制品的产量比例为19.93%。因此，该工厂应该采用这项新的技术革新方案。这是由于每桶牛奶可加工成4 kg的A_1或6 kg的A_2，与原来的每桶牛奶可加工成2 kg的A_1和3 kg的A_2相比，虽然看起来A_1，A_2的基本产量未变，但是生产的安排更加灵活了。

问题3：修订生产计划

根据市场规律和题意，A_1，A_2的销售价格都要随着二者销售量的增加而减少，为此，设A_1，A_2的单价$p_1(x_1,\ x_3)$，$p_3(x_1,\ x_3)$均是x_1，x_3的减函数，且由所给数据做如下线性

函数拟合：

$$p_1(x_1, x_3) = a_1 + b_1 x_1 + c_1 x_3, \quad p_3(x_1, x_3) = a_2 + b_2 x_1 + c_2 x_3$$

类似地，A_1，A_2 深加工的单位成本均随着它们各自的产量的增加而减少，为此，设 A_1，A_2 深加工的单位成本 $q_2(x_8)$，$q_3(x_9)$ 均是减函数，且根据所给数据作离散点的图形容易看出，可应用如下的二次函数拟合：

$$q_2(x_8) = e_1 x_8^2 + f_1 x_8 + g_1, \quad q_3(x_9) = e_2 x_9^2 + f_2 x_9 + g_2$$

作最小二乘拟合和统计分析可得到

$$a_1 = 24.729\,9, \quad b_1 = -0.093\,7, \quad c_1 = -0.035\,6, \quad R^2 = 0.993\,3$$

$$a_2 = 29.957\,5, \quad b_2 = -0.056\,3, \quad c_2 = -0.083\,9, \quad R^2 = 0.987\,3$$

$$e_1 = 0.000\,553, \quad f_1 = -0.108\,4, \quad g_1 = 8.587\,9, \quad R^2 = 0.984\,9$$

$$e_2 = 0.000\,368, \quad f_2 = -0.082\,2, \quad g_2 = 7.327\,2, \quad R^2 = 0.962\,6$$

由相关系数 R 值可以看出，拟合结果是令人满意的。

将拟合结果线性函数拟合、二次函数拟合式代入线性规划模型的目标函数中，并对约束条件做相应的修改，可以得到一个非线性规划模型：

$$\max z = (a_1 + b_1 x_1 + c_1 x_3) x_1 + 30 x_2 + (a_2 + b_2 x_1 + c_2 x_3) x_3 + 20 x_4 -$$
$$15 x_7 - (e_1 x_8^2 + f_1 x_8 + g_1) x_8 - (e_2 x_9^2 + f_2 x_9 + g_2) x_9$$

$$\text{s.t.} \begin{cases} x_5 = 2 x_7, \ x_6 = 3 x_7, \ x_2 = 0.8 x_8, \ x_4 = 0.7 x_9 \\ x_5 = x_1 + x_8, \ x_6 = x_3 + x_9 \\ 15 x_7 + 12 x_8 + 10 x_9 \leqslant 2\,000 \\ 0.2(x_1 + x_2 + x_3 + x_4) = x_2 + x_4 \end{cases}$$

将拟合系数代入上式中，利用 LINGO 软件求解得

$$X = (x_1, \ x_2, \ x_3, \ x_4, \ x_5, \ x_6, \ x_7, \ x_8, \ x_9) =$$

$$(47.353\,84, 55.710\,40, 175.487\,8, 0, 116.991\,8, 175.487\,8, 58.495\,92, 69.638\,0, 0)$$

$$z = 3\,405.406$$

对 X 的值做适当的取整处理，可以得到一周的生产计划的修订方案：购入、加工 58 桶牛奶，加工成 116 kg A_1，及 17 kg A_2，其中 47 kg A_1，直接销售，69 kg A_1，再加工成 55 kg B_1，出售，而 174 kg A_2 全部直接出售，这样可总获利 3 398 元，并且可算得加工时间为 1 698 h，高级奶制品的产量比例为 19.93%。

与原方案比较，购入牛奶数量、加工时间均减少，获利反而增加。其原因是根据市场规律和所给数据，采用这个新的销量和加工量，使 A_1 的售价 p_1 由 10 元 /kg 增为 14.045 48 元 /kg，A_2 的售价 P_2 由 9 元 /kg 增为 12.568 05 元 /kg，而 A_1 的深加工费用 q_2 由 4 元 /kg 降为 3.720 887 元 /kg，显然这一方案要优于原来的方案。

（五）问题的结果分析

在实际中，有很多的加工生产企业，其产品的生产过程都要通过多道工序来完成，然而工序之间都与产品的质量和成本相关联。

事实上，这个过程和联系都可以用数学模型来描述，自然人们可以运用合理的数学模型来优化其生产过程，能够提高生产设备的利用率、节省原材料、降低生产成本，从而提高经济效益。奶制品的加工计划问题就是一个有代表性的案例，涉及原材料的成本、加工过程和成本、产品的质量与收益等关联问题，通过恰当的数学模型进行优化就可以得到最优的加工生产方案。

二、煤炭问题

煤矿安全生产是一个社会重点关注的热点问题，做好煤矿井下瓦斯和煤尘的监测与控制是保证煤矿安全生产的关键所在，所以这是一个很有实际意义的问题。

（一）问题的提出

瓦斯是一种无毒、无色、无味的可燃气体，其主要成分是甲烷，在矿井中它通常从煤岩裂缝中涌出。瓦斯爆炸需要三个条件：空气中瓦斯达到一定的质量浓度，足够的氧气，一定温度的引火源。

煤尘是在煤炭开采过程中产生的可燃性粉尘，煤尘爆炸必须具备三个条件：煤尘本身具有爆炸性，煤尘悬浮于空气中并达到一定的质量浓度，存在引爆的高温热源。试验表明，一般情况下煤尘的爆炸质量浓度是 $30 \sim 2\,000$ g/m^3，而当矿井空气中瓦斯质量浓度增加时，会使煤尘爆炸下限降低。

国家《煤矿安全规程》（以下简称《规程》）给出了煤矿预防瓦斯爆炸的措施和操作规程，以及相应的专业标准。《规程》要求煤矿必须安装完善的通风系统和瓦斯自动监控系统，所有的采煤工作面、掘进面和回风巷都要安装甲烷传感器，每个传感器都与地面控制中心相连，当井下瓦斯质量浓度超标时，控制中心将自动切断电源，停止采煤作业，人员撤离采煤现场。

问题给出了两个采煤工作面、一个掘进工作面的矿井通风系统和一个月的监测数据。为了保障实际中的安全生产，利用两个可控风门调节各采煤工作面的风量，通过一个局部通风机和风筒实现掘进巷的通风，根据各井巷风量的分流情况、对各井巷中风速的要求，以及瓦斯和煤尘等因素的影响，研究确定该煤矿所需要的最佳（总）通风量，以及两个采煤工作面所需要的风量和局部通风机的额定风量。

(二)问题的分析

第一项,采煤工作面的瓦斯体积分数不超过1%,其他有害气体都不超过《规程》规定;

第二项,采煤工人平均每人所需风量不小于4 m³/min,即保证充分的吸氧量;

第三项,采煤工作面温度不超过26 ℃,要保持良好的通风条件;

第四项,保证爆破作业所需要的风量;

第五项,能够有效地排出瓦斯和煤尘,但又不能造成煤尘飞扬。

实际中,对于前4项要求是希望风速越大越好,而一般说来在正常情况下,第二到四项都能保证满足,对于第五项则需要控制风速在一定的范围内为最佳。对于井下的瓦斯而言,降低体积分数的基本办法就是通风,而且瓦斯的体积分数随着风速的增大而单调减小。

矿井下的煤尘是不可避免的,风速太小不能将煤尘带走,风速太大虽可能带走一些浮尘,但又可扬起一些积尘,即当风速大于1.5 m/s时,风速越大煤尘质量浓度就越高,所以对于矿井下的煤尘而言风速不宜过小,也不宜过大,适宜最佳,单纯考虑矿井下的瓦斯和煤尘与风速的关系,就有一个寻求最佳风量的问题,即保证瓦斯和煤尘都控制在《规程》规定的安全范围内,寻求一个最佳的通风量。

同时注意到当矿井的空气混合了一定瓦斯和煤尘,以及其他的一些易燃有害气体后,瓦斯和煤尘的爆炸下限将会大大地降低,而混合的质量浓度越高,爆炸的下限值就越低;另外加上一些其他的不确定因素的影响使得两者的关系发生一些随机性的变化。

为了构建问题的数学模型,假设巷道断面积的大小是基本均匀的,内部的形状和巷道壁是近似相同的,并引入下列符号:

G 表示瓦斯的绝对涌出量;$G_k^{(i)}(i=1,2,\cdots,30;k=1,2,3)$ 表示第 k 个工作面第 i 天的瓦斯绝对涌出量,单位为 m³/mm 或 m³/d;g 表示瓦斯的相对涌出量,单位为 m³/t;v 表示巷道风速,单位为 m/s;S 表示巷道的平均断面积,单位为 m²;Q 表示巷道的通风量,单位为 m³/min;C_g 表示巷道空气中平均瓦斯浓度,即为体积百分比;A_d 表示煤矿日产量,单位为 t/d;$C_{gk}^{(i)}$,$C_{mk}^{(i)}$,$v_k^{(i)}$,$Q_k^{(i)}(i=1,2,\cdots,90;k=1,2,\cdots,6)$ 分别表示第 k 个监测点的第 i 次监测的瓦斯体积分数、煤尘质量浓度、风速、风量平均监测值。

(三)问题的模型建立与求解

已知巷道风速为v,巷道的平均断面积为S,则风量为

$$Q = S \cdot v \cdot 60$$

对于每一个工作面和掘进面,取每天的早班、中班和晚班的三组数据中瓦斯体积分数为 $C_g^{(i)}$,相应的风速为 $v_k^{(i)}(i=1,2,\cdots,90;k=1,2,3)$,断面积为 4 m²,则相应的风量为

$$Q_k^{(i)} = 4 \cdot v_k^{(i)} \cdot 60 \quad (i=1,2,\cdots,90;k=1,2,3)$$

由于总回风巷的断面面积为 5 m²,则总通风量为

$$Q_k^{(i)} = 4 \cdot v_k^{(i)} \cdot 60 (k = 4,5)$$

$$Q_6^{(i)} = 5 \cdot v_6^{(i)} \cdot 60 (i = 1,2,\cdots,90)$$

经计算可知，现有总回风量大约为 1 558.9 m³/min。

1. 确定瓦斯体积分数与风速的关系

由上面的分析，对于各工作面和回风巷的瓦斯体积分数除了与风速有关以外，还与瓦斯的涌出量有关，而且涌出量是一个不可控的因素，而且瓦斯的涌出量是不确定的。实际上，瓦斯的体积分数与风速成反比，也与巷道断面面积成反比。于是各监测点的瓦斯体积分数与风速的近似关系为

$$a_k + \varepsilon_k = C_{gk} S_k \cdot v_k \quad (k = 1,2,\cdots,6)$$

其中 v_k 为第 k 个监测点的平均风速，a_k 是瓦斯绝对涌出量的均值，ε_k 是随机误差，不妨设 ε_k 服从于正态分布 $N(0, \sigma_k)$，$S_k = 4$ 或 5 为断面面积 $(k = 1, 2, \cdots, 6)$。

根据题目中的监测数据作最小二乘拟合可得拟合系数 a_k 和方差 σ_k 如表4-2所示。

表 4-2　瓦斯体积分数与风速的关系拟合系数

系数	$k=1$	$k=2$	$k=3$	$k=4$	$k=5$	$k=6$
a_k	6.32	7.34	2.06	6.09	7.82	16.26
σ_k	0.29	0.70	0.38	0.29	0.72	0.87

由此即可得到各工作面与回风巷的瓦斯体积分数随风速变化的近似关系。

2. 确定煤尘质量浓度与风速的关系

矿井中煤尘质量浓度的高低只与风速的大小有直接的关系。一般说来，煤尘质量浓度与风速应该呈非线性的关系，但注意到实际中监测出的风速变化范围很小，相对比较稳定，而且都在 1.9 m/s 以上。为此，可以在这个较小的范围内视煤尘质量浓度与风速的关系为近似的线性关系，于是不妨假设各监测点的煤尘质量浓度与风速的关系近似为

$$C_{mk}(v_k) = b_k \cdot v_k + c_k \quad (k = 1,2,\cdots,6)$$

其中 v_k 为第 $k(k = 1,2,\cdots,6)$ 个监测点的平均风速，根据问题所给的监测数据作最小二乘拟合可得拟合系数如表4-3所示。

表 4-3　煤尘质量浓度与风速的关系拟合系数

系数	$k=1$	$k=2$	$k=3$	$k=4$	$k=5$	$k=6$
b_k	1.980 7	1.248 5	1.943 2	1.254 6	0.816 5	0.229 7
c_k	3.216 6	5.012 5	2.993 3	4.835 9	5.509 1	5.864 8

由此即可得到各工作面与回风巷的煤尘质量浓度随风速变化的近似关系。

3. 确定煤矿的最佳通风量

这里所说的最佳通风量是指在保证各工作面和回风巷瓦斯浓度与煤尘质量浓度都不超标的情况下，寻求煤矿的最小的通风量，即保证全煤矿的安全生产，则以总通风量最小为目标，以相应的通风要求为约束建立如下的非线性规划模型：

$$\min Q = 300 v_6$$

$$\text{s.t.} \begin{cases} 240(v_1 + v_2 + v_3) \leqslant 240(v_4 + v_5) + \dfrac{240 v_3}{0.85} \\ 0 \leqslant C_{gk}(v_k) \leqslant 1.0 \quad (k = 1, 2, \cdots, 6) \\ 0 \leqslant C_{mk}(v_k) \leqslant 22, \ \mu \pm 0 \leqslant C_{gk}(v_k) \leqslant 0.5 \ \text{时} \quad (k = 1, 2, \cdots, 6) \\ 0 \leqslant C_{mk}(v_k) \leqslant 15, \ \mu \pm 0.5 < C_{gk}(v_k) \leqslant 1.0 \text{时} \quad (k = 1, 2, \cdots, 6) \\ 0.25 \leqslant v_k \leqslant 4 \quad (k = 1, 2, 3) \\ 0 \leqslant v_6 \leqslant 8 \\ 150 \leqslant 240 v_3 \leqslant 400 \\ v_4 \geqslant v_1, \ v_5 \geqslant v_2 \\ 300 v_6 \geqslant 240(v_4 + v_5) + \dfrac{240 v_3}{0.85} \end{cases}$$

由于瓦斯涌出量的随机性变化的影响，根据下式

$$a_k + \varepsilon_k = C_{kk} S_k \cdot v_k \quad (k = 1, 2, \cdots, 6)$$

其中 ε_k 服从于正态分布 $N(0, \ \sigma_k)$，所以在求解规划模型的过程中，按统计学中的 3σ 原则，取 ε_k 为 $3\sigma_k (k = 1, 2, \cdots, 6)$，可以保证 99.7% 的置信度，即将随机性的影响控制在 0.3% 以内。

由 $a_k + \varepsilon_k = C_{gk} S_k \cdot v_k (k = 1, 2, \cdots, 6)$ 和 $C_{mk}(v_k) = b_k \cdot v_k + c_k (k = 1, 2, \cdots, 6)$，用 LINGO 求解模型，其相应的 LINGO 程序如下：

```
MODEL：
sets：
num_i/1..6/：v，a，b，c，xgm，s；
endsets
data：
a=6.32，7.34，2.06，6.09，7.82，16.82；
xgm=0.29，0.70，0.38，0.29，0.72，0.87；
b=1.9807，1.2485，1.9432，1.2546，0.8165，0.2297；
c=3.2166，5.0125，2.9933，4.8359，5.5091，5.8648；
s=4，4，4，4，4，5；
end data
[OBJ]min=300*v（6）；
```

240*（v（1）+v（2）+v（3））≤240*（v（4）+v（5））+240*v（3）/0.85；

@for（num_i（i）:（a（i）+3*xgm（i））/（60*s（i）*v（i））≤0.01）；

@for（num_i（i）:（a（i）+3*xgm（i））/（60*s（i）*v（i））≥0）；

@for（num_i（i）:@if（（a（i）+3*xgm（i））/（60*s（i）*v（i））#le#0.005#AND#（a（i）+3*xgm（i））/（60*s（i）*v（i））#ge#0, b（i）*v（i）+c（i）, 22）≤22）；

@for（num_i（i）1 i#le#3 : @bnd（0.25, v（i）, 4）; ）；

@bnd（0.25, v（4）, 6）；

@bnd（0.25, v（5）, 6）；

@bnd（0, v（6）, 8）；

@bnd（5/8, v（3）, 5/3）；

v（4）≥v（1）；

v（5）≥v（2）；

300*v（6）≥240*（v（4）+v（5））+240*v（3）/0.85；

@for（num_i（i）: v（i）>0）；

END

在 LINGO 系统中运行该程序，则可以得到问题的最优解，即问题的最佳通风量为 Q_{min} =2 093.47 m³/min，局部通风机额定风量为 Q_0 = 240×v_3 = 319.992 m³/min，各工作面和回风巷的最佳风速为 v_1 = 2.995 8 m/s，v_2 = 3.933 3 m/s，v_3 = 1.333 3 m/s，v_4 = 2.995 8 m/s，v_5 = 4.158 3 m/s，v_6 = 6.978 2 m/s。

（四）问题的结果分析

考虑到总进风量 Q_{min} = 2 093.47 m³/min，由求解结果，根据 Q_k = 60$S_k v_k$，则可计算出各工作面和回风巷的最佳风量（平均值）为 Q_1 = 718.992 m³/min，Q_2 = 943.992 m³/min，Q_3 = 319.992 m³/min，Q_4 = 718.992 m³/min，Q_5 = 997.992 m³/min，Q_6 = 2 093.471 m³/min，即开采工作面Ⅰ的风量为 719 m³/min；开采工作面Ⅱ的风量为 944 m³/min；掘进工作面的总风量为 320 m³/min，即局部通风机的额定风量为 Q_0 =320 m³/min；回风巷Ⅰ的风量为 719 m³/min；回风巷Ⅱ的风量为 998 m³/min；总回风巷的风量为 2 094 m³/min。

实际中通过两个风门调节控制两个进风巷的风量，再用局部通风机送风到掘进巷，从而保证该矿井正常的通风系统的安全的通风量。

通过如上模型及其求解结果可知，该煤矿为高瓦斯矿，现有的通风系统还不能足以满足安全生产的需要，还存在着一定的不安全因素，即发生安全事故的可能性还比较大，从安全生产的角度，需将总通风量从原来的 1 558.9 m³/min 提高到 2 094 m³/min，同时按照问题的方案来控制调节各工作面的通风量进行模拟检验表明，使得生产的安全性大大地提高，不安全的概率从原来的0.033减小到0.009，大大地提高了安全系数，从某种意义上来讲也可以提高日产量。

第五章 整数规划方法及其应用

第一节 割平面法和分枝定界法

在研究线性规划问题中,一般问题的最优解都是非整数,即为分数或小数,但实际中的具体问题的解常常要求必须取整数,即称为整数解。例如,问题的解表示的是人数、机器设备的台数、机械车辆数等,显然分数或小数解就不符合实际了。为了求整数解,我们设想把所求得的非整数解采用"舍入取整"的方法处理,似乎是变成了整数解,但事实上这样得到的结果未必可行。因为取整数以后就不一定是原问题的可行解了,或者虽然是可行解,但也不一定是最优解。因此,对于要求最优整数解的问题,需要寻求直接的求解方法,这就是整数规划的问题。

一、整数规划的模型

如果一个数学规划的某些决策变量或全部决策变量要求必须取整数,则这样的问题称为整数规划问题,其模型称为整数规划模型。

如果整数规划的目标函数和约束都是线性的,则称此问题为整数线性规划问题。在这里我们只就整数线性规划问题进行讨论,整数线性规划的一般模型为

$$\max(\min)z = \sum_{j=1}^{n} c_j x_j$$

$$\text{s.t.} \begin{cases} \sum_{j=1}^{n} a_{ij}x_j \leqslant (=, \geqslant)b_i (i=1,2,\cdots, m) \\ x_j \geqslant 0, \ x_j \text{ 为整数 } (j=1,2,\cdots, n) \end{cases}$$

对于实际中的某些整数规划问题,我们有时候可以想到先略去整数约束的条件,即视为一个线性规划问题,利用单纯形法求解,然后对其最优解进行取整处理。实际上,这样得到的解未必是原整数规划问题的最优解,因此,这种方法是不可取的,但可借鉴

这种思想。

整数规划求解方法总的基本思想是：改变松弛问题中的约束条件（譬如去掉整数约束条件），使构成易于求解的新问题——松弛问题(A)，如果这个问题(A)的最优解是原问题的可行解，则就是原问题的最优解；否则，在保证不改变松弛问题(A)的可行性的条件下，修正松弛问题(A)的可行域（增加新的约束），变成新的问题(B)，再求问题(B)的解，重复这一过程直到修正问题的最优解在原问题的可行域内为止，即得到了原问题的最优解。

注：如果每个松弛问题的最优解不是原问题的可行解，则这个解对应的目标函数值$\bar{z}$一定是原问题最优值z^*的上界（最大化问题），即$z^* \leqslant \bar{z}$或下界（最小化问题），即$z^* \geqslant \bar{z}$。

二、整数规划的分枝定界法

（一）分枝定界法的基本思想

将原问题中整数约束去掉变为问题(A)，求出问题(A)的最优解，如果它不是原问题的可行解，则通过附加线性不等式约束（整型），将问题(A)分枝变为若干子问题(B_i)（$i=1,2,\cdots,I$），即对每一个非整数变量附加两个互相排斥（不交叉）的整型约束，即可得到两个子问题，继续求解定界，重复这一过程，直到得到最优解为止。

（二）分枝定界法的一般步骤

第一步：将原整数规划问题去掉所有的整数约束变为线性规划问题(A)，用线性规划的方法求解问题(A)，则有下列情况：

问题(A)无可行解，则原问题也无可行解，停止计算。

问题(A)有最优解X^*，并且是原问题的可行解，则此解就是(A)的最优解，计算结束。

问题(A)有最优解X^*，但不是原问题的可行解，转下一步。

第二步：将X^*代入目标函数，其值记为$\bar{z}$并用观察法找出原问题的一个可行解［整数解，不妨可取$x_j=0$（$j=1,2,\cdots,n$）］，求得目标函数值（下界值），记为$\underline{z}$，则原问题的最优值记为z^*，即有$\underline{z} \leqslant z^* \leqslant \bar{z}$，转下一步。

第三步：分枝。在问题(A)的最优解中任选一个不满足整数约束的变量$x_j=b_j$（非整数），附加两个整数不等式约束：$x_j \leqslant [b_j]$和$x_j \geqslant [b_j]+1$，分别加入到问题(A)中，构成两个新的子问题(B_1)和(B_2)，仍不考虑整数约束，求问题(B_1)和(B_2)的解。

定界：对每一个子问题的求解结果，找出最优值的最大者为新的上界$\bar{z}$，从所有符合整数约束条件的分枝中找出目标函数值最大的一个为新的下界$\underline{z}$。

第四步：比较与剪枝。将各分枝问题的最优值同$\underline{z}$比较，如果其值小于$\underline{z}$，则这个分枝可以剪掉，以后不再考虑；如果其值大于$\underline{z}$，且又不是原问题的可行解，则继续分枝，返回第三步，直到最后得到最优解使$z^* = \underline{z}$，即x_j^*（$j=1,2,\cdots,n$)为原问题的最优解。

三、整数规划的割平面法

(一)割平面法的基本思想

首先把原整数规划问题去掉整数约束条件变为线性规划问题(A)，然后引入线性约束条件(称为 Gomory 约束，几何术语称为割平面)使问题(A)的可行域逐步缩小(即切割掉一部分)，每次切割掉的是问题非整数解的一部分，不切掉任何整数解，直到最后使得目标函数达到最优的整数解(点)成为可行域的一个顶点为止，这也就是原问题的最优解，即利用线性规划的求解方法逐步缩小可行域，最后找到整数规划问题的最优解。

(二)割平面法的计算步骤

设原问题中有 n 个决策变量，m 个松弛变量，共 $n+m$ 个变量，略去整数约束求解线性规划问题，其中 $x_i(i=1,2,\cdots,\ m)$ 表示基变量，为 $y_j(j=1,2,\cdots,\ n)$ 表示非基变量，则具体计算步骤如下。

第一步：在最优解中任取一个具有分数值的基变量，不妨设为 $x_i(1\leqslant i\leqslant m)$，由此可得 $x_i+\sum\limits_{i=1}^{n}\bar{a}_{ij}y_j=\bar{b}_i$，即

$$x_i=\bar{b}_i-\sum_{j=1}^{n}\bar{a}_{ij}y_j \quad (1\leqslant i\leqslant m)$$

第二步：将 $\bar{b}_i$ 和 $\bar{a}_{ij}(1\leqslant i\leqslant m;\ j=1,2,\cdots,\ n)$（为假分数）分为整数部分和非负的真分数，即

$$\bar{b}_i=N_i+f_i, \bar{a}_{ij}=N_{ij}+f_{ij} \quad (j=1,2,\cdots,\ n)$$

其中 N_i 和 N_{ij} 表示整数，而 $f_i\left(0<f_i<1\right)$ 和 $f_{ij}\left(0\leqslant f_{ij}<1\right)$ 表示真分数，代入 $x_i=\bar{b}_i-\sum\limits_{j=1}^{n}\bar{a}_{ij}y_j(1\leqslant i\leqslant m)$ 式，并将整数放在一边，分数放在一边，即

$$x_i+\sum_{j=1}^{n}N_{ij}y_j-N_i=f_i-\sum_{j=1}^{n}f_{ij}y_j \quad (1\leqslant i\leqslant m)$$

第三步：要使 x_i 和 y_j 都为整数，$x_i+\sum\limits_{j=1}^{n}N_{ij}y_j-N_i=f_i-\sum\limits_{j=1}^{n}f_{ij}y_j$ $(1\leqslant i\leqslant m)$ 式的左端必为整数，右端也是整数，而且由 $f_{ij}\geqslant 0$，y_j 是非负整数，故此 $\sum\limits_{j=1}^{n}f_{ij}y_j\geqslant 0$；又因 $f_i>0$ 是真分数，于是有 $f_i-\sum\limits_{j=1}^{n}f_{ij}y_j\leqslant f_i<1$，则必有

$$f_i-\sum_{j=1}^{n}f_{ij}y_j\leqslant 0 \quad (1\leqslant i\leqslant m)$$

这就是所要求的一个切割方程（Gomory 约束条件）。

第四步：对 $f_i - \sum_{j=1}^{n} f_{ij} y_j \leqslant 0$ $(1 \leqslant i \leqslant m)$ 式引入一个松弛变量 S_i，则式变为

$$S_i - \sum_{j=1}^{n} f_{ij} y_j = -f_i \quad (1 \leqslant i \leqslant m)$$

将其代入原问题中去，求解新的线性规划问题。

第五步：应用对偶单纯形法求解，如果所求最优解为原问题的可行解（整数解），则就是原问题的最优解，计算结束；否则继续构造 Gomory 约束条件，直到其最优解为整数解停止。

主要是在 Gomory 方程 $S_i - \sum_{j=1}^{n} f_{ij} y_j = -f_i$ 中，当非基变量 $y_j = 0$ 时，条件变为 $S_i = -f_i$ 为负数，即为不可行的，通常的单纯形法无法求解，而用对偶单纯形法从不可行到可行，即可得到最优解。

第二节　0～1整数规划

一、0～1整数规划的模型

如果整数线性规划问题的所有决策变量为 x_i 仅限于取 0 或 1 两个数值，则称此问题为 0～1 线性整数规划，简称为 0～1 规划。变量 x_i 称为 0～1 变量，或二进制变量，其变量取值的约束可变为 $x_i = 0$ 或 1，等价于 $x_i \leqslant 1$ 和 $x_i \leqslant 0$ 且为整数。于是 0～1 规划的一般模型为

$$\max(\min) z = \sum_{j=1}^{n} c_j x_j$$

$$\text{s.t.} \begin{cases} \sum_{j=1}^{n} a_{ij} x_j \leqslant (=, \geqslant) b_i & (i = 1, 2, \cdots, m) \\ x_j = 0 & (j = 1, 2, \cdots, n) \end{cases}$$

实际应用 1：背包问题（或载货问题）

一个旅行者要在背包里装一些最有用的东西，但限制最多只能带 b kg 物品，每件物品只能是整件携带，对每件物品都规定了一定的"使用价值"（有用的程度）。如果共有 n 件物品，第 j 件物品质量 a_j kg，其价值为 c_j。问题是：在携带的物品总质量不超过 b kg 的条件下，携带哪些物品可使总价值最大？

设决策变量 $x_j = \begin{cases} 1, & \text{当携带第 } j \text{ 种物品时} \\ 0, & \text{当不携带第 } j \text{ 种物品时} \end{cases}$ ，则问题模型为

$$\max z = \sum_{j=1}^{n} c_j x_j$$

$$\text{s.t.} \begin{cases} \sum\limits_{j=1}^{n} a_j x_j \leqslant b \\ x_j = 0 \text{ 或 } 1 \end{cases}$$

即为一个 $0 \sim 1$ 规划模型。

实际应用 2：指派（或分配）问题

在生产管理中，为了完成某项任务，总是希望把有关人员最合理地分派，以发挥其最大工作效率，创造最大的价值。

例如：设某单位有 4 个人，每个人都有能力去完成 4 项科研任务中的任何一项，由于 4 个人的能力和经验不同，所需完成各项任务的时间如表 5-1 所示。问分配何人去完成何项任务使完成所有任务的总时间最少？

表 5-1　4 个人完成 4 项任务的时间

人员	任务			
	A	B	C	D
甲	2	15	13	4
乙	10	4	14	15
丙	9	14	16	13
丁	7	8	11	9

每个人去完成一项任务的约束为

$$\begin{cases} x_{11} + x_{12} + x_{13} + x_{14} = 1 \\ x_{21} + x_{22} + x_{23} + x_{24} = 1 \\ x_{31} + x_{32} + x_{33} + x_{34} = 1 \\ x_{41} + x_{42} + x_{43} + x_{44} = 1 \end{cases}$$

每一项任务必有一人去完成的约束为

$$\begin{cases} x_{11} + x_{21} + x_{31} + x_{41} = 1 \\ x_{12} + x_{22} + x_{32} + x_{42} = 1 \\ x_{13} + x_{23} + x_{33} + x_{43} = 1 \\ x_{14} + x_{24} + x_{34} + x_{44} = 1 \end{cases}$$

目标函数为完成任务的总时间：

$$\min z = 2x_{11} + 15x_{12} + 13x_{13} + 4x_{14} + 10x_{21} + 4x_{22} + 14x_{23} + 15x_{24} +$$

$$9x_{31} + 14x_{32} + 16x_{33} + 13x_{34} + 7x_{41} + 8x_{42} + 11x_{43} + 9x_{44}$$

记系数矩阵为 $C = (c_{ij}) = \begin{bmatrix} 2 & 15 & 13 & 4 \\ 10 & 4 & 14 & 15 \\ 9 & 14 & 16 & 13 \\ 7 & 8 & 11 & 9 \end{bmatrix}$，称为效益矩阵，或价值矩阵，$c_{ij}$ 表示第 i

个人去完成第 j 项任务时有关的效益（时间、费用、价值等）。故该问题的模型为一个 $0 \sim 1$ 规划模型：

$$\min z = \sum_{i=1}^{4} \sum_{j=1}^{4} c_{ij} x_{ij}$$

$$\text{s.t.} \begin{cases} \sum_{j=1}^{4} x_{ij} = 1, \quad i = 1,2,3,4 \\ \sum_{i=1}^{4} x_{ij} = 1, \quad j = 1,2,3,4 \\ x_{ij} = 0 \quad (i, j = 1,2,3,4) \end{cases}$$

一般的指派（或分配）问题：

设某单位有 n 项任务，正好需要 n 个人去完成。由于各项任务的性质和每人的专长不同，如果分配每个人仅能完成一项任务，应如何分派使完成项任务的总效益（或效率）最高。

设该指派问题有相应的效益矩阵 $C = (c_{ij})_{n \times n}$，其元素 c_{ij} 表示分配第 i 个人去完成第 j 项任务时的效益。或者说：以 c_{ij} 表示给定的第 i 单位资源分配用于第 j 项活动时的有关效益。

设问题的决策变量 x_{ij} 是 $0 \sim 1$ 变量，其数学模型为

$$\min z = \sum_{i=1}^{n} \sum_{j=1}^{n} c_{ij} x_{ij}$$

$$\text{s.t.} \begin{cases} \sum_{j=1}^{n} x_{ij} = 1, \quad i = 1,2,\cdots, n \\ \sum_{i=1}^{n} x_{ij} = 1, \quad j = 1,2,\cdots, n \\ x_{ij} = 0 \quad (i, j = 1,2,\cdots, n) \end{cases}$$

二、$0 \sim 1$ 规划的隐枚举法

显枚举法（又称为穷举法）：主要是把问题的所有可能的组合情况（共 2^n 种）列举出来进行比较，找到所需要的最优解。

隐枚举法：主要是从实际出发，在问题所有可能的组合取值中利用"过滤条件"排除一些不可能是最优解的情况，只需考察其中一部分组合就可以得到问题的最优解，因此，

隐枚举法又称为部分枚举法。

隐枚举法不需要更多的理论和知识，当问题的维数几不是特别大时，隐枚举法是求解 $0 \sim 1$ 规划的一种有效方法，但对于过滤条件的确定，要根据实际问题的具体情况具体分析而定。

第三节 指派问题

"匈牙利方法"最早是由匈牙利数学家康尼格用来求矩阵中零元素的个数的一种方法，由此他证明了"矩阵中独立零元素的最多个数等于能覆盖所有零元素的最少直线数"。在求解著名的指派问题时，引用了这一结论，并对具体算法做了改进，仍然称为"匈牙利方法"。

一、匈牙利方法的基本思想

由于每个问题都有一个相应的效益矩阵，可以通过初等变换修改效益矩阵的行或列的元素，使得在每一行或每一列中至少有一个零元素，直到在不同行、不同列中至少有一个零元素，从而得到与这些零元素相对应的一个完全分配方案，这个方案是原问题的一个最优分配方案。

定理 5.1：（指派问题的最优性）如果问题的效益矩阵 $C = \left(c_{ij}\right)_{n \times n}$ 的第 i 行、第 j 列中的每个元素分别减去一个常数 a，b 变为矩阵 $D = \left(d_{ij}\right)_{n \times n}$，则以新的矩阵 D 为效益矩阵和新的目标函数与原效益矩阵 C 和原目标函数求得的最优解相同，最优值只差一个常数。

证：只要证明新目标函数和原目标函数值相差一个常数。

事实上，因为 $d_{ij} = c_{ij} - a - b (1 \leqslant i, \ j \leqslant n)$，则新的目标函数为

$$z^{'} = \sum_{i=1}^{n} \sum_{j=1}^{n} d_{ij} x_{ij} = \sum_{i=1}^{n} \sum_{j=1}^{n} c_{ij} x_{ij} - a \sum_{i=1}^{n} \sum_{j=1}^{n} x_{ij} - b \sum_{j=1}^{n} \sum_{i=1}^{n} x_{ij}$$

$$= \sum_{i=1}^{n} \sum_{j=1}^{n} c_{ij} x_{ij} - n(a+b) = z - n(a+b)$$

故两者相差一个常数 $n(a+b)$，最优解相同。

二、匈牙利方法的基本步骤

根据指派问题的最优性，"若从效益矩阵 $C = \left(c_{ij}\right)_{n \times n}$ 的一行（或列）各元素分别减去该

行（列）的最小元素，得到新矩阵 $D=\left(d_{ij}\right)_{n\times n}$，那么以 D 为效益矩阵所对应问题的最优解与原问题的最优解相同"，此时求最优解的问题可转化为求效益矩阵的最大 1 元素组的问题。

下面给出一般的匈牙利方法的计算步骤。

第一步：对效益矩阵进行变换，使每行每列都有 0 元素出现。

从效益矩阵 C 中每一行减去该行的最小元素，再在所得矩阵中每一列减去该列的最小元素，所得矩阵记为 $D=\left(d_{ij}\right)_{n\times n}$。

第二步：将矩阵 D 中 0 元素置为 1 元素，非零元置为 0 元素，记此矩阵为 E。

第三步：确定独立 1 元素组。

①在矩阵 E 含有 1 元素的各行中选择 1 元素最少的行，比较该行中各 1 元素所在的列中 1 元素的个数，选择 1 元素的个数最少的一列的那个 1 元素；②将所选的 1 元素所在的行和列清 0；③重复第二步和第三步，直到没有 1 元素为止，即得到一个独立 1 元素组。

第四步：判断是否为最大独立 1 元素组。

如果所得独立 1 元素组是原效益矩阵的最大独立 1 元素组（即 1 元素的个数等于矩阵的阶数），则已得到最优解，停止计算。

如果所得独立 1 元素组还不是原效益矩阵的最大独立 1 元素组，那么利用寻找可扩路的方法对其进行扩张，进行下一步。

第五步：利用寻找可扩路方法确定最大独立 1 元素组。

作最少的直线覆盖矩阵 D 的所有 0 元素；在没有被直线覆盖的部分找出最小元素，在没有被直线覆盖的各行减去此最小元素，在没被直线覆盖的各列加上此最小元素，得到一个新的矩阵，返回第二步。

说明：上面的算法是按最小化问题给出的，如果问题是最大化问题，即模型中的目标函数换为 $\max z=\sum_{i=1}^{n}\sum_{j=1}^{n}c_{ij}x_{ij}$。为此令 $M=\max_{i,j}\{c_{ij}\}$ 和 $b_{ij}=M-c_{ij}\geqslant 0$，则效益矩阵变为 $B=\left(b_{ij}\right)_{n\times n}$，于是考虑目标函数为 $\min z=\sum_{i=1}^{n}\sum_{j=1}^{n}b_{ij}x_{ij}$ 的问题，仍用上面的步骤求解，所得最小解也就是对应原问题的最大解。

另外，对于这一类问题的求解，按照匈牙利方法的计算步骤，可以用 LINGO 编程实现。

第四节 整数规划的 LINGO 解法

一、一般整数规划的解法

目前，利用 LINGO 软件求解整数规划模型是一种比较有效的方法，针对一般的整数规划模型给出 LINGO 模型如下：

MODEL：

sets：

num_i/1..m/：b；m 表示数组的维数，是一个具体的正整数；

num_j/1..n/：x，c；n 表示数组的维数，是一个具体的正整数；

link（num_i, num_j）：a；

endsets

data：

b=b（1），b（2），……，b（m）；约束条件右端项的实际数值；

c=c（1），c（2），-，c（n）；目标函数的系数的实际数值；

a=a（1，1），a（1，2），……，a（1，n），

a（2，1），a（2，2），……，a（2，n），

a（m，1），a（m，2），……，a（m，n）；约束条件系数矩阵的实际数值；

end data

[OBJ]max=@sum（num_j（j）：c（j）*x（j））；

@for（num_i（i）：@sum（num_j（j）：a（i，j）*x（j））$\leqslant$ b（i）；）；

@for（num_J（j）：x（j）$\geqslant$0；）；

@for（num」（j）：@GIN（x（j））；）；

END

注：LINGO 模型中的目标函数是按最大化问题，约束条件都是按"小于等于"的情况给出的，实际中要根据具体情况修正。

二、一般0～1规划的解法

针对一般的0～1规划模型给出LINGO模型,在这里仍以目标函数为最大化问题,约束条件都为"小于等于"的情况。

MODEL：

sets：

num_i/1..m/：b；m表示数组的维数,是一个具体的正整数；

num_j/1..n/：x,c；n表示数组的维数,是一个具体的正整数；

link（num_i，num_j）：a；

endsets

data：

b=b（1），b（2），……，b（m）；约束条件右端项的实际数值；

c=c（1），c（2），……，c（n）；目标函数的系数的实际数值；

a=a（1，1），a（1，2），……，a（1，n），

a（2，1），a（2，2），……，a（2，n），

a（m，1），a（m，2），……a（m，n）；约束条件系数矩阵的实际数值；

end data

[OBJ]max=@sum（num J（j）：c（j）*x（j））；

@for（num_i（i）：@sum（num_j（j）：a（i，j）*x（j））≤b（i）；）；

@for（numj（j）：@BIN（x（j））；）；

END

三、一般指派问题的解法

针对一般指派问题的模型给出LINGO模型,在这里目标函数以最大化问题为例给出。

MODEL：

num_i/1..n/；n表示数组的维数,是一个具体的正整数；

numj/1..n/；n表示数组的维数,是一个具体的正整数；

link（num_i，num_j）：x，c；

endsets

data：

c=c（1，1），c（1，2），……，c（1，n），

c（2，1），c（2，2），……，c（2，n），

c（n，1），c（n，2），……，c（n，n）；约束条件系数矩阵的实际数值；

```
end data
[OBJ] max=@sum (link (i, j) : c (i, j) *x (i, j));
@for (num_i (i) : @sum (numj (j) : c (i, j) *x (i, j)) =1 ; );
@for (num (j) j) : @sum (num_i (i) : c (i, j) *x (i, j)) =1 ; );
@for (link (i, j) : @BIN (x (i, j)) ; );
END
```

第五节 整数规划方法的应用

一、招聘公务员问题

我国公务员制度已实施多年,20世纪90年代初期颁布施行的《国家公务员暂行条例》规定:国家行政机关录用担任主任科员以下的非领导职务的国家公务员,采用公开考试、严格考核的办法,按照德才兼备的标准择优录用。目前,我国招聘公务员的程序一般分三步进行:公开考试(笔试)、面试考核、择优录取。

(一)问题的提出

现有某市直属单位因工作需要,拟向社会公开招聘8名公务员,具体的招聘办法和程序如下。

第一。公开考试。

凡是年龄不超过30周岁,大学专科以上学历,身体健康者均可报名参加考试。考试科目有综合基础知识、专业知识和"行政职业能力测验"三个部分,每科满分为100分,根据考试总分的高低排序按1∶2的比例(共16人)选择进入第二阶段的面试考核。

第二,面试考核。

面试考核主要考核应聘人员的知识面,对问题的理解能力、应变能力、表达能力等综合素质,按照一定的标准,面试专家组对每个应聘人员的各个方面都给出一个等级评分,从高到低分成A、B、C、D四个等级,具体结果见表5-2所示。

第三,由招聘领导小组综合专家组的意见、笔(初)试成绩以及各用人部门需求确定录用名单,并分配到各用人部门。

该单位拟将录用的8名公务员安排到所属的7个部门,并且要求每个部门至少安排一名公务员。这7个部门按工作性质可分为四类：①行政管理；②技术管理；③行政执法；④公共事业。如表5-3所示。

表5-2 招聘公务员笔试成绩，专家组的面试评分及个人志愿

应聘人员	笔试成绩	申报志愿类别 专业知识面		专家组对应聘者特长的等级评分			
				专业知识面	认识理解能力	灵活应变能力	表达应变能力
人员1	290	②	③	A	A	B	B
人员2	288	③	①	A	B	A	C
人员3	288	①	②	B	A	D	C
人员4	285	④	③	A	B	B	B
人员5	283	③	②	B	A	B	C
人员6	280	③	④	B	D	A	B
人员7	280	④	①	A	B	C	B
人员8	280	②	④	B	B	A	C
人员9	280	①	③	B	C	A	B
人员10	280	③	①	D	B	A	C
人员11	278	④	①	D	C	B	A
人员12	277	③	④	A	B	C	A
人员13	275	②	①	D	C	D	A
人员14	275	①	③	B	B	A	B
人员15	274	①	④	A	B	C	B
人员16	273	④	①	B	A	B	C

表 5-3　用人部门的基本情况及对公务员特长的期望要求

用人部门	工作类别	各用人部门的基本情况					各部门对公务员特长的期望要求			
		福利待遇	工作条件	劳动强度	晋升机会	深造机会	专业知识面	认识理解能力	灵活应变能力	表达能力
部门1	①	优	优	中	多	少	B	A	C	A
部门2	②	中	优	大	多	少				
部门3	②	中	优	中	少	多	A	B	B	C
部门4	③	优	差	大	多	多				
部门5	③	优	中	中	中	中	C	C	A	A
部门6	④	中	中	中	中	多				
部门7	④	优	中	大	少	多	C	B	B	A

招聘领导小组在确定录用名单的过程中,本着公平、公开的原则,同时考虑录用人员的合理分配和使用,有利于发挥个人的特长和能力,招聘领导小组将7个用人单位的基本情况(包括福利待遇、工作条件、劳动强度、晋升机会和深造机会等)和四类工作对聘用公务员的具体条件所希望达到的要求都向所有应聘人员公布(如表5-3),每一位参加面试的人员都可以申报两个工作类别志愿(如表5-2)。请研究下列问题:

问题1:如果不考虑应聘人员的意愿,择优按需录用,试帮助招聘领导小组设计一种录用分配方案;

问题2:在考虑应聘人员意愿和用人部门的期望要求的情况下,请你帮助招聘领导小组设计一种分配方案;

问题3:你的方法对于一般情况,即 N 个应聘人员、M 个用人单位时,是否可行?

(二)问题的背景与分析

目前,随着我国改革开放的不断深入和《国家公务员暂行条例》的颁布实施,几乎所有的国家机关和各省、市政府机关,以及公共事业单位等都公开面向社会招聘公务员或工作人员,尤其是面向大中专院校毕业生的招聘活动非常普遍,一般都是采取"初试 + 复试 + 面试"的择优录用方法,特别是根据用人单位的工作性质,复试和面试在招聘录取工作中占有突出的地位。同时注意到，虽然学历可以反映一个人的素质和水平，但也不能完全反映一个人的综合能力，应聘人员一般都各有所长，为此，如何针对应聘人员的基本素质、个人的特长和兴趣爱好，择优录用一些综合素质好、综合能力强、热爱本职工作、有专业特长的专门人才充实公务员队伍，把好人才的入口关，是非常值得研究的问题。

在招聘公务员的复试过程中，如何综合专家组的意见、应聘者的不同条件和用人部门的需求做出合理的录用分配方案，这是首先需要解决的问题。当然，"多数原则"是常用的一种方法，但是，在这个问题上"多数原则"未必一定是"最好"的，因为这里有一个共性和个性的关系问题，不同的人有不同的看法和选择，怎么选择，如何兼顾考虑各方面的意见是值得研究的问题。

对于问题1：在不考虑应聘人员的个人意愿的情况下，择优按需录用8名公务员。"择优"就是综合考虑所有应聘者的初试和复试的成绩来选优；"按需"就是根据用人部门的需求，即各用人部门对应聘人员的要求和评价来选择录用。而这里复试成绩没有明确给定具体分数，仅仅是专家组给出的主观评价分，为此，首先应根据专家组的评价给出一个复试分数，然后，综合考虑初试、复试分数和用人部门的评价来确定录取名单，并按需分配给各用人部门。

对于问题2：在充分考虑应聘人员的个人意愿的情况下，择优录用8名公务员，并按需求分配给7个用人部门。公务员和用人部门的基本情况都是透明的，在双方都相互了解的前提下为双方做出选择方案。事实上，每一个部门对所需人才都有一个期望要求，即可以认为每一个部门对每一个要聘用的公务员都有一个实际的"满意度"；同样的，每一个公务员根据自己意愿对各部门也都有一个期望"满意度"，由此根据双方的"满意度"，来选取使双方"满意度"最大的录用分配方案。

对于问题3，把问题1和问题2的方法直接推广到一般情况就可以了。

（三）模型的假设与符号说明

1. 模型的假设

①专家组对应聘者的评价是公正的；

②题中所给各部门和应聘者的相关数据都是透明的，即双方都是知道的；

③应聘者的4项特长指标在综合评价中的地位是等同的；

④用人部门的五项基本条件对公务员的影响地位是同等的。

2. 符号说明

A_j表示第j个应聘者的初试得分；B_j表示第j个应聘者的复试得分；C_j表示第j个应聘者的最后综合得分；S_{ij}表示第i个部门对第j个应聘者的综合满意度；T_{ji}表示第j个应

聘者对第 i 个部门的综合满意度；ST_{ij} 表示第 j 个应聘者与第 i 个部门的相互综合满意度；其中 $i = 1, 2, \cdots, 7$；$j = 1, 2, \cdots, 16$。

（四）模型的准备

1. 应聘者复试成绩的量化

首先，对专家组所给出的每一个应聘者4项条件的评分进行量化处理，从而给出每个应聘者的复试得分。专家组对应聘者的4项条件评分为 A，B，C，D 四个等级，不妨设相应的评语集为{很好，好，一般，差}，对应的数值为5，4，3，2，根据实际情况取偏大型柯西分布隶属函数

$$f(x) = \begin{cases} \left[1 + \alpha(x - \beta)^{-2} \right]^{-1} & 1 \leqslant x \leqslant 3 \\ a \ln x + b & 3 < x \leqslant 5 \end{cases}$$

其中 α, β, a, b 为待定常数。实际上，当评价为"很好"时，则隶属度为 1，即 $f(5) = 1$；当评价为"一般"时，则隶属度为 0.8，即 $f(3) = 0.8$；当评价为"很差"时（在这里没有此评价），则认为隶属度为 0.01，即 $f(1) = 0.01$。于是，可以确定出 $\alpha = 1.108\,6$，$\beta = 0.894\,2$，$a = 0.391\,5$，$b = 0.369\,9$。

将其代入 $f(x) = \begin{cases} \left[1 + \alpha(x - \beta)^{-2} \right]^{-1} & 1 \leqslant x \leqslant 3 \\ a \ln x + b & 3 < x \leqslant 5 \end{cases}$ 式可得隶属函数为

$$f(x) = \begin{cases} \left[1 + 1.108\,6(x - 0.894\,2)^{-2} \right]^{-1} & 1 \leqslant x \leqslant 3 \\ 0.391\,5 \ln x + 0.369\,9 & 3 < x \leqslant 5 \end{cases}$$

其图形如图5-1所示。

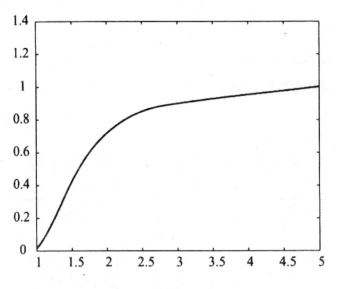

图 5-1　隶属函数的图形

经计算得 $f(2)=0.524\,5$, $f(4)=0.912\,6$,则专家组对应聘者各单项指标的评价$\{A,B,C,D\}=\{$ 很好,好,一般,差 $\}$ 的量化值为(1,0.912 6,0.8,0.5245)。根据表5-3的数据可以得到专家组对每一个应聘者的4项条件的评价指标值。例如:专家组对第1个应聘者的评价为(A,A,B,B),则其指标量化值为(1,1,0.912 6,0.912 6)。专家组对16个应聘者都有相应的评价量化值,从而得到一个评价矩阵,记为 $R=\left(r_{ji}\right)_{16\times4}$。应聘者的4项条件在综合评价中的地位是同等的,则16个应聘者的综合复试分数可以表示为

$$B_j=\frac{1}{4}\sum_{i=1}^{4}r_{ji}\quad(j=1,2,\cdots,16)$$

经计算,16名应聘者的综合复试分数如表5-4。

表5-4 应聘者的综合复试分数

应聘者	1	2	3	4	5	6	7	8
复试分数	0.956 3	0.928 2	0.809 0	0.934 5	0.906 3	0.837 4	0.906 3	0.928 2
应聘者	9	10	11	12	13	14	15	16
复试分数	0.935 4	0.809 3	0.809 3	0.928 2	0.809 3	0.837 4	0.906 3	0.906 3

2. 初试分数与复试分数的规范化

为了便于将初试分数与复试分数做统一的比较,首先分别用极差规范化方法做相应的规范化处理。初试得分的规范化:

$$A_j'=\frac{A_j-\min_{1\leqslant j\leqslant16}A_j}{\max_{1\leqslant j\leqslant16}A_j-\min_{1\leqslant j\leqslant16}A_j}=\frac{A_j-273}{290-273}\quad(j=1,2,\cdots,16)$$

复试得分的规范化:

$$B_j'=\frac{B_j-\min_{1\leqslant j\leqslant16}B_j}{\max_{1\leqslant j\leqslant16}B_j-\min_{1\leqslant j\leqslant16}B_j}=\frac{B_j-0.809\,3}{0.956\,3-0.809\,3}\quad(j=1,2,\cdots,16)$$

经计算可以得到具体的结果。

3. 确定应聘人员的综合分数

不同的用人单位对待初试和复试成绩的重视程度可能会不同,在这里用参数 $\mu(0<\mu\leqslant1)$ 表示用人单位对初试成绩的重视程度的差异,即取初试分数和复试分数的加权和作为应聘者的综合分数,则第 j 个应聘者的综合分数为

$$C_j=\mu A_j'+(1-\mu)B_j'\quad(0<\mu<1;\ j=1,2,\cdots,16)$$

由实际数据,取适当的参数 $\mu(0<\mu<1)$ 可以计算出每一个应聘者的最后综合得分,根据实际需要可以分别对 $\mu=0.4$,0.5,0.6,0.7来计算,在这里不妨取 $\mu=0.5$,则可以得到16名应聘人员的综合分数及排序如表5-5所示。

表 5-5　应聘者的综合分数及排序

应聘者	1	2	3	4	5	6	7	8
综合分数	1	0.845 4	0.441 2	0.778 7	0.624 1	0.389 9	0.535 8	0.610 1
排序	1	2	9	3	5	10	7	6
应聘者	9	10	11	12	13	14	15	16
综合分数	0.631 6	0.205 9	0.147 1	0.521 9	0.058 8	0.154 6	0.359 4	0.330 0
排序	4	13	15	8	16	14	11	12

（五）模型的建立与求解

问题 1：首先注意到，用人单位一般不会太看重应聘人员之间初试分数的少量差异，可能更注重应聘者的特长，因此，用人单位评价一个应聘者主要依据四个方面的特长。根据每个用人部门的期望要求条件和每个应聘者的实际条件（专家组的评价）的差异，每个用人部门对各个应聘者都客观地存在一个相应的评价指标，或称为"满意度"。

从心理学的角度来分析，每一个用人部门对应聘者的每一项指标都有一个期望"满意度"，它反映用人部门对某项指标的要求与应聘者实际水平差异的程度。通常认为用人部门对应聘者的某项指标的满意程度可以分为"很不满意、不满意、不太满意、基本满意、比较满意、满意、很满意"七个等级，即构成了评语集 $V = \{v_1,\ v_2,\ v_3,\ v_4,\ v_5,\ v_6,\ v_7\}$，并赋予相应的数值 1，2，3，4，5，6，7。

当应聘者的某项指标等级与用人部门相应的要求一致时，则认为用人部门为基本满意，即满意程度为 v_4；当应聘者的某项指标等级比用人部门相应的要求高一级时，则用人部门的满意度上升一级，即满意程度为 v_5；当应聘者的某项指标等级比用人部门相应的要求低一级时，则用人部门的满意度下降一级，即满意程度为 v_3。以此类推，则可以得到用人部门对应聘者的满意程度的关系如表 5-6。其中列表示应聘者的指标等级，行表示用人部门的要求等级，由此可以计算出每一个用人部门对每一个应聘者各项指标的满意程度。例如：专家组对应聘者 1 的评价指标集为 {A，A，B，B}，部门 1 的期望要求指标集为 {B，A，C，A}，则部门 1 对应聘者 1 的满意程度为 $(v_5,\ v_4 v_5,\ v_3)$。

表 5-6　满意程度的关系

指标	A	B	C	D
A	v_4	v_3	v_2	v_1
B	v_5	v_4	v_3	v_2
C	v_6	v_5	v_4	v_3
D	v_7	v_6	v_5	v_4

为了得到"满意度"的量化指标，注意到，人们对不满意程度的敏感远远大于对满意程度的敏感，即用人部门对应聘者的满意程度降低一级可能导致用人部门极大的抱怨，但对满意程度增加一级只能引起满意程度的少量增长。根据这样一个基本事实，则可以

取近似的偏大型柯西分布隶属函数

$$f(x)=\begin{cases}\left[1+\alpha(x-\beta)^{-2}\right]^{-1} & 1\leqslant x\leqslant4\\ a\ln x+b & 4<x\leqslant7\end{cases}$$

其中 α，β，a，b 为待定常数。实际上，当"很满意"时，则"满意度"的量化值为 1，即 $f(7)=1$；当"基本满意"时，则"满意度"的量化值为 0.8，即 $f(4)=0.8$；当"很不满意"时，则"满意度"的量化值为 0.01，即 $f(1)=0.01$。于是，可以确定出 $\alpha=2.494\ 4$，$\beta=0.841\ 3$，$a=0.178\ 7$，$b=0.652\ 3$。故

$$f(x)=\begin{cases}\left[1+2.494\ 4(x-0.841\ 3)^{-2}\right]^{-1} & 1\leqslant x\leqslant4\\ 0.178\ 7\ln x+0.652\ 3 & 4<x\leqslant7\end{cases}$$

经计算得 $f(2)=0.349\ 9$，$f(3)=0.651\ 4$，$f(5)=0.939\ 9$，$f(6)=0.972\ 5$，则用人部门对应聘者各单项指标的评语集 $\{v_1,\ v_2,\ v_3,\ v_4,\ v_5,\ v_6,\ v_7\}$ 的量化值为（0.01，0.349 9，0.651 4，0.8，0.939 9，0.972 5，1）。根据专家组对16名应聘者四项特长评分（表5-2）和7个部门的期望要求（表5-3），则可以分别计算得到每一个部门对每一个应聘者的各单项指标的满意度的量化值，分别记为

$$\left(S_{ij}^{(1)},\ S_{ij}^{(2)},\ S_{ij}^{(3)},\ S_{ij}^{(4)}\right)\quad(i=1,2,\cdots,7;\ j=1,2,\cdots,16)$$

例如，用人部门1对应聘人员1的单项指标的满意程度为 $(v_5,\ v_4,\ v_5,\ v_3)$，其量化值为

$$\left(S_{11}^{(1)},\ S_{11}^{(2)},\ S_{11}^{(3)},\ S_{11}^{(4)}\right)=(0.939\ 9,0.8,0.939\ 9,0.651\ 4)$$

应聘者的4项特长指标在用人部门对应聘者的综合评价中有同等的地位，为此可取第 i 个部门对第 j 个应聘者的综合评分为

$$S_{ij}=\frac{1}{4}\sum_{i=1}^{4}S_{ij}^{(l)}\quad(i=1,2,\cdots,7;\ j=1,2,\cdots,16)$$

具体计算结果及排序如表5-7所示。

表5-7　各用人部门对应聘者的综合评分及排序

应聘者	1	2	3	4	5	6	7	8
部门1的评分与排序	0.832 8	0.728 4	0.650 3	0.795 6	0.722 5	0.608 5	0.760 7	0.730 6
	1	8	12	3	9	15	5	7
部门2，3的评分与排序	0.870 0	0.835 0	0.685 3	0.865 0	0.797 8	0.720 3	0.797 8	0.832 8
	1	2	12	3	7	11	8	4
部门4，5的评分与排序	0.812 0	0.765 6	0.568 1	0.803 8	0.728 4	0.760 7	0.728 4	0.765 6
	2	4	16	3	9	7	10	5

续表

部门6,7的评分与排序	0.841 0	0.730 6	0.644 9	0.806 0	0.757 4	0.720 3	0.768 8	0.792 4
	1	11	16	3	9	13	6	5
应聘者	9	10	11	12	13	14	15	16
部门1的评分与排序	0.768 8	0.580 9	0.609 9	0.797 8	0.650 3	0.656 3	0.760 7	0.722 5
	4	16	14	2	13	11	6	10
部门2,3的评分与排序	0.832 8	0.637 5	0.608 5	0.806 0	0.656 3	0.672 4	0.797 8	0.797 8
	5	15	16	6	14	13	9	10
部门4,5的评分与排序	0.832 8	0.685 3	0.725 7	0.765 6	0.637 5	0.760 7	0.728 4	0.728 4
	1	14	13	6	15	8	11	12
部门6,7的评分与排序	0.32 8	0.685 3	0.725 7	0.806 0	0.685 3	0.760 7	0.768 8	0.757 4
	2	14	12	4	15	8	7	10

根据"择优按需录用"的原则,来确定录用分配方案。"择优"就是选择综合分数较高者,"按需"就是录取分配方案使得用人单位的评分尽量高。

优化问题的解:

$$\max z = \sum_{i=1}^{7}\left(\sum_{j=1}^{16}C_j x_{ij} + \sum_{j=1}^{16}S_{ij} x_{ij}\right)$$

$$\text{s.t.} \begin{cases} \sum_{i=1}^{7}\sum_{j=1}^{16} x_{ij} = 8 \\ \sum_{ij}^{7} \leqslant 1 \quad (j=1,2,\cdots,16) \\ 1 \leqslant \sum_{j=1}^{16} x_{ij} \leqslant 2 \quad (i=1,2,\cdots,7) \\ x_{ij} = 0 \text{或} 1 \quad (i=1,2,\cdots,7; \ j=1,2,\cdots,16) \end{cases}$$

求解可以得到录用分配方案,根据匈牙利算法用 MATLAB 编程求解得结果如表 5-8。

表 5-8　录用及分配方案

部门	1	2	3	4	5	6	7
应聘者	1	2, 5	8	9	4	7	12
综合分数	1	0.845 4, 0.624 1	0.610 1	0.631 6	0.778 7	0.535 8	0.521 9
部门评分	0.832 8	0.835 0, 0.797 8	1.832 8	0.832 8	0.803 8	0.768 8	0.806 0

问题 2:在充分考虑应聘人员的意愿和用人部门的期望要求的情况下,寻求更好的录用分配方案。应聘人员的意愿有两个方面:对用人部门的工作类别的选择意愿和对用

人部门的基本情况的看法，即可用应聘人员对用人部门的综合满意度来表示；用人部门对应聘人员的期望要求也用满意度来表示，一个好的录用分配方案应该是使得两者的满意度都尽量地高。

1. 确定用人部门对应聘者的满意度

用人部门对所有应聘人员的满意度与问题1中的 $S_{ij} = \dfrac{1}{4}\sum_{i=1}^{4}S_{ij}^{(l)}(i=1,2,\cdots,7;\ j=1,2,\cdots,16)$ 式相同，即第 i 个部门对第 j 个应聘人员的4项条件的综合评价满意度为

$$S_{ij} = \frac{1}{4}\sum_{l=1}^{4}S_{ij}^{(l)} \quad (i=1,2,\cdots,7;\ j=1,2,\cdots,16)$$

2. 确定应聘者对用人部门的满意度

应聘者对用人部门的满意度主要与用人部门的基本情况有关，同时考虑到应聘者所喜好的工作类别，在评价用人部门时一定会偏向于自己的喜好，即工作类别也是决定应聘者选择部门的一个因素。因此，影响应聘者对用人部门的满意度的有指标五项：福利待遇、工作条件、劳动强度、晋升机会和深造机会。

对工作类别来说，主要看是否符合自己想从事的工作，符合第一、二志愿的分别为"满意、基本满意"，不符合志愿的为"不满意"，即{满意，基本满意，不满意}。实际中根据人们对待工作类别志愿的敏感程度的心理变化，在这里取隶属函数为 $f(x)=b\ln(a-x)$，并要求 $f(1)=1$，$f(3)=0$，即符合第一志愿时，满意度为1，不符合任一个志愿时满意度为0，简单计算解得 $a=4$，$b=0.910\,2$，即 $f(x)=0.910\,2\ln(4-x)$。于是当用人部门的工作类别符合应聘者的第二志愿时的满意度为 $f(2)=0.630\,9$，即得到评语集{满意，基本满意，不满意}的量化值为（1，0.630 9，0），这样每一个应聘者对每一个用人部门都有一个满意度权值 $w_{ji}(i=1,2,\cdots,7;\ j=1,2,\cdots,16)$，即满足第一志愿取权为1，满足第二志愿取权值为0.630 9，不满足志愿取权值为0。

反映用人部门基本情况的五项指标都可分为"优中差，或小中大、多中少"三个等级，应聘者对各部门的评语集也为三个等级，即{满意，基本满意，不满意}，类似于上面确定用人部门对应聘者的满意度的方法。

首先确定用人部门基本情况的客观指标值：应聘者对7个部门的五项指标中的"优、小、多"级别认为很满意，其隶属度为1；"中"级别认为满意，其隶属度为0.6；"差、大、少"级别认为不满意，其隶属度为0.1。由表5-3的实际数据可得应聘者对每个部门的各单项指标的满意度量化值，即用人部门的客观水平的评价值 $T_i = (T_{i1},\ T_{i2},\ T_{i3},\ T_{i4},\ T_{i5})\ (i=1,2,\cdots,7)$。

于是，每一个应聘者对每一个部门的五个单项指标的满意度应为该部门的客观水平评价值与应聘者对该部门的满意度权值 $w_{ji}(i=1,2,\cdots,7;\ j=1,2,\cdots,\ 16)$ 的乘积，即

$$\overline{T}_{ji} = w_{ji}(T_{i1},\ T_{i2},\ T_{i3},\ T_{i4},\ T_{i5}) = (T_{ji}^{(1)},\ T_{ji}^{(2)},\ T_{ji}^{(3)},\ T_{ji}^{(4)},\ T_{ji}^{(5)})$$

$$(i=1,2,\cdots,7;\ j=1,2,\cdots,16)$$

例如，应聘者 1 对部门 5 的单项指标的满意度为

$$\overline{T}_{15}=\left(T_{15}^{(1)},\ T_{15}^{(2)},\ T_{15}^{(3)},\ T_{15}^{(4)},\ T_{15}^{(5)}\right)=0.630\ 9(1,0.6,0.6,0.6,0.6)$$

$$=(0.630\ 9,0.378\ 5,0.378\ 5,0.378\ 5,0.378\ 5)$$

用人部门的五项指标在应聘者对用人部门的综合评价中有同等的地位，为此可取第 j 个应聘者对第 i 个部门的综合评价满意度为

$$T_{ji}=\frac{1}{5}\sum_{k=1}^{5}T_{ji}^{(k)}\quad(i=1,2,\cdots,7;\ j=1,2,\cdots,16)$$

3. 确定双方的相互综合满意度

根据上面的讨论，每一个用人部门与每一个应聘者之间都有相应的单方面的满意度，双方的相互满意度应由各自的满意度来确定。在此，取双方各自满意度的几何平均值为双方相互综合满意度，即

$$ST_{ij}=\sqrt{S_{ij}\cdot T_{ji}}\quad(i=1,2,\cdots,7;\ j=1,2,\cdots,16)$$

4. 确定合理的录用分配方案

最优的录用分配方案应该是使得所有用人部门和录用的公务员之间的相互综合满意度之和最大。问题可以归结为下面的线性 $0\sim1$ 规划问题：

$$\max z=\sum_{i=1}^{7}\sum_{j=1}^{16}ST_{ij}\cdot x_{ij}$$

$$\text{s.t.}\begin{cases}\sum_{i=1}^{7}\sum_{j=1}^{16}x_{ij}=8\\[2mm]\sum_{i=1}^{7}x_{ij}=1(j=1,2,\ L,16)\\[2mm]1\leqslant\sum_{j=1}^{16}x_{ij}\leqslant2(i=1,2,\ L,7)\\[2mm]x_{i2}=x_{14}=x_{15}=x_{16}=x_{18}=x_{1,12}=0=x_{i,15}=x_{i7}=x_{i9}=x_{i,10}=x_{i,11}=x_{i,12}=x_{i,14}\\[1mm]x_{i3}=x_{i7}=x_{i8}=x_{i,11}=x_{i,13}=x_{i,15}=x_{i,16}=0,\ i=4,5\\[1mm]x_{i1}=x_{i2}=x_{i3}=x_{i5}=x_{i9}=x_{i,10}=x_{i,13}=x_{i,14}=0,\ i=6,7\\[1mm]x_{ij}=0\text{ 或 }1(i=1,2,\ L,7;\ j=1,2,\ L,16)\end{cases}$$

其中第 1 个条件是当且仅当录取 8 名，第 2 个条件是限制一个应聘者仅允许分配一个部门，第 3 个条件是保证每一个用人部门至少录用 1 名、至多录用 2 名公务员，第 4 到 7 个条件是应聘者不可能分配的部门约束。

该模型为一个线性 $0\sim1$ 规划，用 MATLAB 编程求解得录用分配方案如表 5-9，总满意度 $z=5.763\ 1$。

表 5-9　最终的录用分配方案

部门序号	1	2	3	4	5	6	7
应聘者序号	9，15	8	1	12	2	4	7
综合满意度	0.754 3，0.750 3	0.682 9	0.757 7	0.700 0	0.721 5	0.740 3	0.656 1

问题 3：对于 N 个应聘人员和 $M(M < N)$ 个用人单位的情况，如上的方法都是适用的，只是两个优化模型的规模将会增大，给求解带来一定的困难。实际中用人单位的个数 M 不会太大，当应聘人员的个数 N 大到一定的程度时，可以分步处理：先根据应聘人员的综合分数和用人员部门的评价分数择优确定录用名单，然后再"按需"分配。

对问题 1 而言，取所有应聘人员综合分数与用人部门综合评分的均值，即由 $C_j = \mu A'_j + (1-\mu)B'_j$ 式和 $S_{ij} = \dfrac{1}{4}\sum\limits_{l=1}^{4} S_{ij}^{(l)}$ 式得

$$\overline{C} = \frac{1}{N}\sum_{j=1}^{N} C_j$$

$$\overline{S} = \frac{1}{NM}\sum_{i=1}^{M}\sum_{j=1}^{N} S_{ij}$$

对于满足 $C_j < \overline{C}$ 或 $\dfrac{1}{M}\sum\limits_{i=1}^{M} S_{ij} < \overline{S}$ $(j = 1,2,\cdots, N)$ 的应聘人员淘汰掉，对剩下的应聘者重新编号，再用上述的方法求解，确定录用分配方案，如果剩下的人数仍然很多，则可以做类似的进一步择优。

对于问题 2 处理的方法类似，只是根据应聘人员的综合分数 $C_j = \mu A'_j + (1-\mu)B'_j$ 和双方综合满意度 $ST_{ij} = \sqrt{S_{ij}\cdot T_{ji}}$ 来选优。

二、交巡警服务平台的设置与调度问题

"有困难找警察"是家喻户晓的一句流行语。警察肩负着刑事执法、治安管理、交通管理、服务群众四大职能。为了更有效地贯彻实施这些职能，需要在市区的一些交通要道和重要部位设置交巡警服务平台，每个交巡警服务平台的职能和警力配备基本相同，由于警力资源有限，如何根据城市的实际情况与需求合理地设置交巡警服务平台、分配各平台的管辖范围、调度警务资源是警务部门面临的一个实际课题。

（一）问题的提出

试就某市设置交巡警服务平台的相关情况，建立数学模型分析研究下面的问题：

针对全市（主城六区 A，B，C，D，E，F）的具体情况，按照设置交巡警服务平台

的原则和任务，分析研究该市现有交巡警服务平台设置方案的合理性；如果有明显不合理，请给出解决方案。

如果该市地点 P（第 32 个节点）处发生了重大刑事案件，在案发 3 min 后接到报警，犯罪嫌疑人已驾车逃跑。为了快速搜捕犯罪嫌疑人，请给出调度全市交巡警服务平台警力资源的最佳围堵方案。

（二）A 区交巡警服务平台的相关问题

这部分针对 A 区范围内的交巡警服务平台要求研究解决下面三个问题。

问题 1：要求合理地为各个交巡警服务平台分配管辖范围，尽量在 3 min 内平台交巡警能够到达各管辖的路口；

问题 2：如果需要对全区 13 条进出该区的交通要道实施全封锁，则给出合理的交巡警调度方案；

问题 3：根据现有的资料和数据，确定需要在该区增设的交巡警服务平台个数和具体的位置设置方案。

1. A 区平台的管辖范围的合理分配问题

（1）A 区交通网络赋权图和最短路矩阵

将 A 区的交通线路抽象为交通网络赋权图。用 x_i 表示第 $i(i=1,2,\cdots,m)$ 个路口，y_j 表示第 $j(j=1,2,\cdots,n)$ 个交巡警服务平台，以路口为节点，路口之间的公路为边，其公路的长为对应边的权重，于是就可以建立 A 区的一个交通网络赋权图，将相应的邻接矩阵记为 $L=\left(l_{ij}\right)_{m\times m}$，根据网络优化中求最短路问题的 Floyd 算法，用 MATLAB 编程计算出任意两个节点之间的最短距离，记相应的最短路矩阵为 $A_{ij}(i,j=1,2,\cdots,m)$。

（2）A 区平台管辖范围的优化模型

要确定 A 区各平台的管辖范围，就是将 A 区内的每一个交通路口合理地分配给一个指定平台管辖的方案。这里所说的合理性主要是体现在两个方面：

一方面，平台交巡警尽量在 3 min 内能够到达各管辖的路口，即要求每个平台到达所有管辖路口的最大时间尽量小；从实际出发，要求各平台的出警工作量应尽可能均衡。

为此，构造决策矩阵 $X=\left(X_{ij}\right)_{m\times n}$，其中决策变量为

$$X_{ij}=\begin{cases}1,\text{若路口}x_i\text{由平台}y_i\text{管辖}\\0,\text{其他}\end{cases}$$

用 B_{ij^2} 表示 A 区内路口 x_i 到平台为 y_j $(i=1,2,\cdots,m,\ j=1,2,\cdots,n)$ 的最短路程（或时间），即 $B=\left(B_{ij}\right)_{m\times n}$ 在决策矩阵 X 下，该区内各个路口到达其管辖平台的最短路程（或时间）矩阵为

$$T = \left(T_{ij}\right)_{m \times n} = \left(X_{ij} B_{ij}\right)_{m \times n}$$

于是,对于平台 y_j 来说,最大出警时间 $\max_{1 \leqslant i \leqslant m} T_{ij} (j = 1, 2, \cdots, \ n)$。

另一方面,将 A 区内各个路口发案量记为向量 $W = \left(w_1, \ w_2, \cdots, \ w_m\right)$,用 w_i 表示 A 区内路口 $x_i (i = 1, 2, \cdots, \ m)$ 发案量,则各平台的工作量可表示为 $G = W \cdot X = \left(G_1, \ G_2, \cdots, \ G_n\right)$。于是要求各平台的工作量尽量均衡,也就是要各平台工作量的标准差最小,即要求

$$\sigma(G) = \sqrt{\frac{1}{n} \sum_{j=1}^{n} \left(G_j - \bar{G}\right)^2}$$

的最小值,其中 $\bar{G}$ 为平均工作量。

综上所述,以 A 区内所有平台的最大出警时间的最小和各个交巡警平台工作量标准差最小为目标函数,建立各平台管辖范围分配的双目标优化模型如下:

$$\min_x \max_{\substack{1 \leqslant i \leqslant m \\ 1 \leqslant j \leqslant n}} T_{ij}, \min_X \sigma(G)$$

$$\text{s. t.} \begin{cases} \sum_{j=1}^{n} X_{ij} = 1, \ i = 1, 2, \cdots, \ m \\ \sum_{i=1}^{m} X_{ij} \geqslant 1, \ j = 1, 2, \cdots, \ n \\ X_{ij} = 0 \text{ 或} 1, \text{且} \pm i = j \text{ 时} X_{ij} = 1, \ i = 1, 2, \cdots, \ m, \ j = 1, 2, \cdots, \ n \end{cases}$$

其中第一个约束条件为每一个路口有且仅有一个平台对其管辖,第二个约束为每个平台至少管辖一个路口及附近区域,第三个约束为决策变量,且平台所在的路口由该平台管辖。

（3）模型的求解与结果分析

对于上面的双目标 0 ~ 1 规划模型,直接求解是比较困难的,实际上,通过直观分析不难看出,有 6 个路口在 3 min 内是无法达到的,即为 28 与 29,38,39,61 和 92 号路口,为此,按就近原则分别直接分配给 15 号、16 号、2 号、7 号和 20 号平台管辖。除此之外的路口都可以满足在 3 min 内到达的要求,即可将约束条件 $\max_{\substack{1 \leqslant i \leqslant m \\ 1 \leqslant j \leqslant n}} T_{ij} \leqslant 3$ 加入模型中,则将模型转化为以各平台工作量均衡指标（标准差）最小为目标求解 0 ~ 1 规划模型。

另一方法,将两个目标作线性加权和化为单目标问题求解,在排除了 6 个 3 min 内不能到达的路口后,最大出警时间就不再是主要的目标了,即取最大出警时间以较小的权值,而取工作量均衡目标较大的权值。用 LINGO 软件直接求解,或用 MATLAB 编程求解都可以得到相应的结果,求解方法不同,所取权值不同,其求解结果略有差别。

一种可行分配方案的结果：20 个平台平均最大出警时间为 2.175 9 min,最大时间为 5.7 min；平均每天的出警次数为 6.225 次,最多的为 11.5 次,最少 1.6 次；不能在 3 min 内到达的有 6 个路口。

2. A区20个平台对13个进出路口的全封锁模型

从20个平台中选择13个对所要封锁的目标路口进行一对一的封锁，用 $\left(d_{ij}\right)_{20\times13}$ 表示A区内平台 $y_i(i=1,2,\cdots,20)$ 到目标路口 $z_j(j=1,2,\cdots,13)$ 的最短路（时间）矩阵。平台 y_i 对目标路口 z_j 进行封锁的决策矩阵为 $X=\left(x_{ij}\right)_{20\times13}$，其中决策变量为

$$x_{ij}=\begin{cases}1, & \text{当平台}y_i\text{ 封锁路口}z_j\text{ 时}\\0, & \text{其他}\end{cases}$$

在决策矩阵 X 下，各平台到达要封锁目标路口的最短路程（时间）矩阵为 $T=\left(T_{ij}\right)_{20\times13}=\left(d_{ij}x_{ij}\right)_{20\times13}$，完成封锁的最大时间为 $\max\limits_{\substack{1\leqslant i\leqslant20\\1\leqslant j\leqslant13}}\{T_{ij}\}$ 要实现全封锁的目标是最大时间最小，则问题可归结为一个不完全的指派问题，其优化模型为

$$\min Y=\max_{\substack{1\leqslant j\leqslant13\\1\leqslant i\leqslant20}}T_{ij}$$

$$\text{s. t.}\begin{cases}\sum\limits_{j=1}^{13}x_{ij}\leqslant1, & i=1,2,\cdots,20\\\sum\limits_{i=1}^{20}x_{ij}=1, & j=1,2,\cdots,13\\x_{ij}=0\text{ 或 }1,\text{ 且 }x_{ij}=1, & i=1,2,\cdots,20;\ j=1,2,\cdots,13\end{cases}$$

其中第一组约束表示一个平台最多只能封锁一个目标路口；第二组约束表示每个目标路口有且仅由一个平台封锁，用 LINGO 软件直接求解可以得到最优的结果，最优的封锁调度方案和相应的封锁时间（单位：min）如表5-10所示。

表5-10　A区的全封锁调度方案

平台	封锁路口	封锁时间
A2	38	3.982 2
A4	62	0.350 0
A5	48	2.475 8
A7	29	8.015 5
A8	30	3.060 8
A9	16	1.532 5
A10	22	7.707 9
A11	24	3.805 3
A12	12	0
A13	23	0.500 0
A14	21	3.265
A15	28	4.751 8
A16	14	6.741 7

要实现全封锁的最长时间为 8.015 5 min，总平均封锁时间为 3.552 96 min，实际上，这个最优的封锁方案结果应该是唯一的。

3. A 区需要增加平台的设置模型

在实际中，要新增设一个平台必然会需要一定的建设和运行成本，将这些成本视为投入。新增平台后，将需要对全区各平台的管辖范围进行重新分配，从而会使得所有平台在辖区内的最大出警时间和相应工作量指标发生改变，将这种改变的效果视为产出，那么这个问题就可以视为一个"投入与产出"问题。

在现有平台的基础上，因为没有设置平台的路口节点有 $m-n$ 个，即考虑在这 $m-n$ 个可能的节点中任取一个增设平台，按照问题 1 的方法，对增加平台后各平台的管辖范围进行重新分配，则一定存在一个增设平台的方案，使得"产出"有最大值，此方案就是增设一个平台的最优方案。事实上，只要给出增设一个平台的模型和求解方法，则增设两个、三个、四个和五个的情况都同理可得。

对没有设平台的路口进行重新排序，并记为 $x_1, x_2, \cdots, x_{m-n}$，则可能要增设一个平台位置的决策变量记为 $(r_1, r_2, \cdots, r_{m-n})$，其中

$$r_i = \begin{cases} 1, & \text{若在路口 } x_i \text{ 设置新平台} \\ 0, & \text{其他} \end{cases}$$

考虑增加一个平台，则平台的个数由原来的 n 个变为 $n+1$，由问题 1 的方法，对 $n+1$ 个平台的管辖范围进行重新分配，并计算所有平台的最大出警时间，记为 t_1，相应的工作量标准差为 σ_1，记增设平台之前所有平台的最大出警时间为 t_0 和工作量的标准差为 σ_0。定义增设一个平台后的产出值（增设效益）为

$$F = \rho \frac{t_0 - t_1}{t_0} + (1-\rho) \frac{\sigma_0 - \sigma_1}{\sigma_0}$$

其中 ρ 为经验比例系数，于是，可得如下增设平台的优化模型：

$$\max F = \rho \frac{t_0 - t_1}{t_0} + (1-\rho) \frac{\sigma_0 - \sigma_1}{\sigma_0}$$

$$\text{s. t.} \begin{cases} \sum_{i=1}^{m-n} r_i = 1 \\ r_i = 0 \quad i = 1, 2, \cdots, m-n \end{cases}$$

对于模型的求解，参照问题 1 的方法，则可以得到增设一个平台的位置和产生的效益值。在考虑增设第一个平台之后，再考虑增设第二个平台，以此类推，取 $\rho = 0.5$，讨论增加 1 ~ 5 个平台后所得到的效果情况，结果如表 5-11 所示。

表 5-11　增设新平台后对应效果

增设平台情况	所有平台最大出警时间 /min	工作量标准差	产出效益 F
增设平台之前	5.700 5	2.660 6	
增设 1 个平台	4.190 2	2.954 5	0.154 478
增设 2 个平台	3.682 2	2.659 3	0.221 151
增设 3 个平台	3.682 2	2.415 7	0.091 603
增设 4 个平台	6.682 2	1.996 2	0.173 656
增设 5 个平台	3.607 1	1.842 6	0.097 342

从表 5-11 中可以看出，增设 4 个平台的情况为较好，最大出警时间变化不大，工作量标准差也比较小。

(三)全市交巡警服务平台的相关问题

这部分针对全市主城六区的交巡警服务平台解决下面两个问题。

问题 1：要求评价该市六区设置平台方案的合理性；如果明显不合理，则给出解决方案。

问题 2：在该市地点 P 发生了重大刑事案件，要求给出调度全市平台警力资源的最佳围堵方案。

1. 全市平台设置方案的合理性评价模型

该问题可以从两个方面考虑：一是全市六区的平台不考虑分区限制，即将全市六区视为一个整体的网络，可以统一调度管理；二是全市六区的平台分区调度管理，即分别考虑六个区的具体情况。

对于全市平台设置合理性的主要指标有最大出警时间：

$$T = \max_{1 \leqslant j \leqslant n} t_j$$

其中 $t_j (j = 1,2,\cdots, n)$ 表示平台 y_j 管辖区域内的最大出警时间，相应的工作量为 $G_j (j = 1,2,\cdots, n)$，其均值为 $\bar{G}$，最大工作量为 $G = \max_{1 \leqslant j \leqslant n} G_j$，则各平台的工作量标准差为

$$\sigma = \sqrt{\frac{1}{n} \sum_{j=1}^{n} (G_j - \bar{G})^2}$$

根据问题中所给全市的相关数据和 A 区平台管辖范围的分配模型，并用启发式算法求解，则可以得到全市平台管辖范围的分配方案。从全市情况来看，在全市的 582 个路口节点中总共有 138 个是不能在 3 min 内到达的，按就近原则分配这些路口节点。考虑其他的路口节点在到达时间不超过 3 min 的约束条件下的一种最优的分配方案，不难得到全市的 80 个平台的平均最大出警时间为 3.773 5 min，最大的出警时间为 12.680 3 min；平均每天的出警量为 8.431 2 次，最多的出警量为 26.1 次，最少为 1.6 次。由此可知，现有全市的平台设置还不尽合理，需要再增设一些新的平台。

2. 增设新平台方案的确定模型

交巡警平台设置的合理性主要体现在两个方面：各平台的最大出警时间尽量小和总工作量尽量均衡。解决该问题的方法与 A 区的解决方法不同，因为路口数量多，不能对所有路口进行全搜索实现。要对现有平台设置明显不合理的地方进行增设新平台，因此，在这里定义一个与平台的出警时间和工作量有关的指标，称为"需求度"，作为判断在一个路口是否需要增设平台的依据，从而找出最需要增设平台的路口。对于每个路口 x_i 定义需求度如下：

$$\mu_i = \lambda \frac{t_i}{t_{max}} + (1-\lambda) \frac{G_i}{G_{max}}$$

其中 t_i 为路口 x_i 到其所管辖平台的距离，即 $t_i = \sum_{j=1}^{n} T_{ij} = \sum_{j=1}^{n} X_{ij} B_{ij}$，$t_{max}$ 为所有出警时间的最大值：$t_{max} = \max\limits_{\substack{1 \leqslant i \leqslant m \\ 1 \leqslant j \leqslant n}} T_{ij}$；$G_i$ 为管辖路 x_i 气平台的工作量，G_{max} 为所有平台最大工作量：$G_{max} = \max\limits_{1 \leqslant i \leqslant m} G_i$；$\lambda$ 为权重，对每一个没有设平台的路口计算出相应的需求度值，如果需求度较大的路口比较集中在一个区域，则说明在该区域现有平台的设置有明显的不合理，从而应在该区域内增设新平台来降低需求度。根据上述的方法，取 $\lambda = \frac{2}{3}$，对比增设 1 ～ 6 个平台的情况如表 5-12 所示。

表 5-12 增设新平台的对应结果比较分析

增加平台个数	增加平台编号	最大出警时间 / min	最大工作量 / (次·天⁻¹)	工作量标准差 / (次·天⁻¹)
0	为增加	12.680 3	26.1	4.494 6
1	314	12.680 3	18.4	4.136 5
2	517	12.680 3	18.4	3.925 1
3	388	9.899 2	18.4	3.975 3
4	330	8.118 8	18.4	3.997 3
5	288	8.118 8	15.9	3.871 4
6	206	8.118 8	15.9	3.879 4

从表 5-12 可以看出，前 5 个平台的增设都对三个指标产生明显的改善效果，但是增加第 6 个平台后指标却没有产生明显的变化，故在全市范围内增设 5 个平台就可以改善现有平台设置明显不合理的状况。

3. 全市范围内最佳围堵方案的确定模型

将事发地点 P 到其他各路口节点的最短时间用矩阵 $D = (D_1, D_2, \cdots, D_m)$ 表示，不妨设交巡警和犯罪嫌疑人逃跑的车辆速度均为 60 km/h。在实际中，犯罪嫌疑人逃跑的时间不同，可能逃跑的区域范围也不同，其逃跑的区域范围可以看作以事发地 P 为中心沿交通网络向外辐射的一个区域,在时间 t 内将逃跑区域内所有路口节点的集合记为 $F(t)$,即为犯罪嫌疑人逃跑 t 时间后可能逃跑的区域范围,则有 $F(t) = \left\{ x_i \mid D_i \leqslant t, 1 \leqslant i \leqslant m \right\}$,要将犯罪嫌疑人封锁在 F(t)范围内,F(t)的所有边界路口节点集合记为 E(t),即 E(t)中的任一节点都属于 F(t),且与 F(t)之外的邻近节点邻接,故有

$$E(t) = \left\{ x_i \mid x_i \in F(t), \ x_j \notin F(t), \ l_{ij} < \infty, 1 \leqslant i \leqslant m, 1 \leqslant j \leqslant n \right\}$$

式中,$x_j \notin F(t)$ 为 $x_i \in F(t)$ 的区域外邻接点,l_{ij} 有为邻接距离。

对于任一个路口节点 $x_i \in F(t)$,需要封锁的时间为 $D_i - 3 \ \text{min}$,因此要全封锁区域 F(t),即 E(t)内所有路口节点需要的最短时间为 $\min_{x_i \in E(t)} D_i - 3 \ \text{min}$,最长的时间为 $\max_{x_i \in E(t)} D_i - 3 \ \text{min}$。

在全市范围内最优的封锁方案应该是使得封锁区域尽量小,而封锁区域的大小可以由集合 F(t)的秩(节点个数)来表示,即 $Q = \text{Rank}(F(t))$,要保证封锁范围的有效性,即确保封锁住的必要条件为

$$B_{ij} X_{ij}(t) \leqslant D_i(t) - 3 \quad (i = 1, 2, \cdots, p; \ j = 1, 2, \cdots, n)$$

其中 $X_{ij}(t) = 0$ 或 1,即表示 t 时间内要平台 y_j 去封锁路口 x_i 取 1,否则取 $p = \text{Rank}(E(t))$,于是则有最佳的围堵优化模型:

$$\min Q = \text{Rank}(F(t))$$

$$\begin{cases} F(t) = \left\{ x_k \mid D_k \leqslant t, 1 \leqslant k \leqslant m \right\} \\ E(t) = \left\{ x_k \mid x_k \in F(t), \ x_j \notin F(t) \quad l_{kj} < \infty, 1 \leqslant k \leqslant m, 1 \leqslant j \leqslant n \right\} \\ B_{ij} X_{ij}(t) \leqslant D_i(t) - 3 (i = 1, 2, \cdots, p; \ j = 1, 2, \cdots, n) \\ p = \text{Rank}(E(t)) \end{cases}$$

这里决策变量 $X_{ij}(t)$ 由下面的优化模型确定:

$$\min Y = \max_{\substack{1 \leqslant i \leqslant p \\ 1 \leqslant j \leqslant n}} X_{ij}(t) B_{ij}$$

$$\text{s. t.} \begin{cases} \sum_{i=1}^{p} X_{ij}(t) \leqslant 1 \quad (j = 1, 2, \cdots, n) \\ \sum_{j=1}^{n} X_{ij}(t) = 1, \ x_i \in E(t) \quad (i = 1, 2, \cdots, p) \\ \sum_{j=1}^{n} X_{ij}(t) = 0, \ x_i \notin E(t) \quad (i = 1, 2, \cdots, p) \\ X_{ij}(t) = 0, \quad (i = 1, 2, \cdots, p; \ j = 1, 2, \cdots, n) \end{cases}$$

对于上面的复杂的优化模型采用启发式搜索算法,可以得到一种有效的全封锁方案。

第六章　微分方程模型和差分方程模型的方法及其应用

第一节　微分方程模型的建立

在实际问题中经常需要寻求某个变量y随另一变量t的变化规律，$y = y(t)$这个函数关系常常不能直接求出。然而有时容易建立包含变量及导数在内的关系式，即建立变量能满足的微分方程，从而通过求解微分方程对所研究的问题进行解释说明。因此，微分方程建模是数学建模的重要方法，微分方程模型的应用也十分广泛。

建立微分方程模型时，经常会遇到一些关键词，如"速率""增长""衰变""边际"等，这些概念常与导数有关，再结合问题所涉及的基本规律就可以得到相应的微分方程。下面通过实例介绍几类常用的利用微分方程建立数学模型的方法。

一、按规律直接列方程

例：一个较热的物体置于室温为18℃的房间内，该物体最初的温度是60℃，3 min以后降到50℃。想知道它的温度降到30℃需要多少时间？ 10 min 以后它的温度是多少？

解：根据牛顿冷却（加热）定律：将温度为 T 的物体放入处于常温 m 的介质中时，T 的变化速率正比于 T 与周围介质的温度差。

设物体在冷却过程中的温度为$T(t)$，$t \geqslant 0$，T的变化速率正比于 T 与周围介质的温度差，即$\dfrac{\mathrm{d}T}{\mathrm{d}t}$与$T - m$成正比。建立微分方程

$$\begin{cases} \dfrac{\mathrm{d}T}{\mathrm{d}t} = -k(T - m) \\ T(0) = 60 \end{cases}$$

其中参数$k>0$，$m=18$。求得通解为$\ln(T-m)=-kt+c$，$T=m+e^c e^{-kt}$，$t\geqslant 0$。代入初值条件，求得$c=\ln 42$，$k=-\dfrac{1}{3}\ln\dfrac{16}{21}$，最后得

$$T(t)=18+42e^{\left(\frac{1}{3}\ln\frac{16}{21}\right)t}, \quad t\geqslant 0$$

结果：该物体温度降至$30\,^{\circ}\mathrm{C}$需要$13.82\ \mathrm{min}$。$10\ \mathrm{min}$以后它的温度是

$$T(10)=18+42e^{\left(\frac{1}{3}\ln\frac{16}{21}\right)10}=34.97\left(^{\circ}\mathrm{C}\right)$$

二、微元分析法

该方法的基本思想是通过分析研究对象的有关变量在一个很短时间内的变化情况，寻求一些微元之间的关系式。

例：一个高为$2\ \mathrm{m}$的球体容器里盛了一半的水，水从它的底部小孔流出，小孔的横截面积为$1\ \mathrm{cm}^2$。试求放空容器所需要的时间。

解：首先对孔口的流速做两条假设：

第一，t时刻的流速V依赖于此刻容器内水的高度$h(t)$；

第二，整个放水过程无能量损失。

由水力学知：水从孔口流出的流量Q为"通过孔口横截面的水的体积V对时间t的变化率"，即

$$Q=\frac{\mathrm{d}V}{\mathrm{d}t}=0.62S\sqrt{2gh}$$

式中，0.62是流量系数；g为重力加速度（取$9.8\ \mathrm{m/s}^2$）；S是孔口横截面积（单位：cm^2）；h是水面高度（单位：cm）；t是时间（单位：s）。当$S=1\ \mathrm{cm}^2$时，有

$$\mathrm{d}V=0.62\sqrt{2gh}\mathrm{d}t$$

在微小时间间隔$[t,\ t+\mathrm{d}t]$内，水面高度$h(t)$降至$h+\mathrm{d}h(\mathrm{d}h<0)$，容器中水的体积的改变量近似为

$$\mathrm{d}V=-\pi r^2\mathrm{d}h$$

式中，r是时刻t的水面半径，右端负号是由于$\mathrm{d}h<0$而$\mathrm{d}V>0$。

记$r=\sqrt{100^2-(100-h)^2}=\sqrt{200h-h^2}$；比较式$\mathrm{d}V=0.62\sqrt{2gh}\mathrm{d}t$、式$\mathrm{d}V=-\pi r^2\mathrm{d}h$得微分方程如下：

$$\begin{cases}0.62\sqrt{2gh}\mathrm{d}t=-\pi\left(200h-h^2\right)\mathrm{d}h \\ h\big|_{t=0}=100\end{cases}$$

积分后整理得

$$t=\frac{\pi}{0.62\sqrt{2g}}\left(\frac{280\,000}{3}-\frac{400}{3}h^{\frac{3}{2}}+\frac{2}{5}h^{\frac{5}{2}}\right)$$

令 $h=0$，求得完全排空需要约 2 小时 58 分。

三、模拟近似法

该方法的基本思想是在不同的假设下模拟实际的现象，即模拟近似建立的微分方程，从数学上求解或分析解的性质，再去和实际情况做对比，观察这个模型能否模拟、近似某些实际的现象。

例：（交通管理问题）在交通十字路口，都会设置红绿灯。为了让那些正行驶在十字路口或离十字路口太近而无法停下的车辆通过路口，红绿灯转换中间还要亮起一段时间的黄灯。那么，黄灯应亮多长时间才最为合理呢？

分析：黄灯状态持续的时间包括驾驶员的反应时间、车通过十字路口的时间以及通过刹车距离所需的时间。

解：记 v_0 是法定速度，I 是十字路口的宽度，L 是典型的车身长度，则车通过十字路口的时间为 $\dfrac{I+L}{v_0}$。

下面计算刹车距离，刹车距离就是从开始刹车到速度 $v=0$ 时汽车驶过的距离。设 W 为汽车的重量，μ 为摩擦系数。显然，地面对汽车的摩擦力为 μW，其方向与运动方向相反。汽车在停车过程中，行驶的距离 x 与时间 t 的关系可由下面的微分方程表示：

$$\frac{W}{g}\frac{\mathrm{d}^2 x}{\mathrm{d}t^2}=-\mu W$$

其中 g 为重力加速度。式子的初始条件为

$$x\big|_{t=0}=0, \quad \frac{\mathrm{d}x}{\mathrm{d}t}\bigg|_{t=0}=v_0$$

先求解二阶微分方程式 $\dfrac{W}{g}\dfrac{\mathrm{d}^2 x}{\mathrm{d}t^2}=-\mu W$，对式从 0 到 t 积分，利用条件式 $x\big|_{t=0}=0$，$\dfrac{\mathrm{d}x}{\mathrm{d}t}\bigg|_{t=0}=v_0$ 得

$$\frac{\mathrm{d}x}{\mathrm{d}t}=-\mu g t+v_0$$

在条件式 $x\big|_{t=0}=0$，$\dfrac{\mathrm{d}x}{\mathrm{d}t}\bigg|_{t=0}=v_0$ 下对式 $\dfrac{\mathrm{d}x}{\mathrm{d}t}=-\mu g t+v_0$ 从 0 到 t 积分，得

$$x(t)=-\frac{1}{2}\mu g t^2+v_0 t$$

式 $\dfrac{\mathrm{d}x}{\mathrm{d}t}=-\mu g t+v_0$ 中令 $\dfrac{\mathrm{d}x}{\mathrm{d}t}=0$，可得刹车所用时间 $t_0=\dfrac{v_0}{\mu g}$，从而得到刹车距离 $x(t_0)=\dfrac{v_0^2}{2\mu g}$。

下面计算黄灯状态的时间 A，则

$$A = \frac{x(t_0) + I + L}{v_0} + T$$

其中 T 是驾驶员的反应时间，代入 $x(t_0)$

$$A = \frac{v_0}{2\mu g} + \frac{I + L}{v_0} + T$$

设 $T = 1$ s，$L = 4.5$ m，$I = 9$ m。另外，取具有代表性的 $\mu = 0.2$，当 $v_0 = 45$ km/h、60 km/h 以及 80 km/h 时，黄灯时间 A 如表 6-1 所示。

表 6-1　不同速度下计算和经验法的黄灯时长

$v_0 / (\text{km} \cdot \text{h}^{-1})$	A / s	经验法 /s
45	5.27	3
65	6.35	4
80	7.28	5

经验法的结果比预测的黄灯状态短些，这使人想起，许多十字路口红绿灯的设计可能使车辆在绿灯转为红灯时正处于十字路口。

第二节　微分方程模型的求解方法

一、微分方程的数值解

在高等数学中，介绍了一些特殊类型微分方程的解析解法，但是大量的微分方程由于过于复杂往往难以求出解析解。此时可以依靠数值解法。数值解法可求得微分方程的近似解。考虑一阶常微分方程的初值问题

$$\begin{cases} \dfrac{\mathrm{d}y}{\mathrm{d}x} = f(x, \ y) \\ y(x_0) = y_0 \end{cases}$$

在区间 $[a, \ b]$ 上的解，其中 $f(x, \ y)$ 为 x，y 的连续函数，y_0 为给定的初始值，将上述问题的精确解记为 $y(x)$。数值方法的基本思想：在解的存在区间上取 $n+1$ 个节点

$$a = x_0 < x_1 < x_2 < \cdots < x_n = b$$

这里 $h_i = x_{i+1} - x_i$，$i = 0,1,\cdots,$ $n-1$ 为由 x_i 到 x_{i+1} 的步长。这些 h_i 可以不相等，但一般取成相等的，这时 $h = \dfrac{b-a}{n}$。在这些节点上采用离散化方法（通常用数值积分、微分、泰

勒展开等），将上述初值问题化成关于离散变量的相应问题。把这个相应问题的解 y_n 作 $y(x_n)$ 的近似值，这样求得的 y_n 就是上述初值问题在节点了 x_n 上的数值解。一般说来，不同的离散化导致不同的方法，欧拉法是解初值问题的最简单的数值方法。

对式 $\begin{cases} \dfrac{dy}{dx} = f(x, y) \\ y(x_0) = y_0 \end{cases}$ 积分可得以下积分方程：

$$y(x) = y_0 + \int_{x_0}^{x} f(t, y(t))dt$$

当 $x = x_1$ 时，

$$y(x_1) = y_0 + \int_{x_0}^{x_1} f(t, y(t))dt$$

要得到 $y(x_1)$ 的值，就必须计算出式 $y(x_1) = y_0 + \int_{x_0}^{x_1} f(t, y(t))dt$ 右端的积分。但积分式中含有未知函数，无法直接计算，只好借助于数值积分。假如用矩形法进行数值积分，则

$$\int_{x_0}^{x_1} f(t, y(t))dt \approx f(x_0, y(x_0))(x_1 - x_0)$$

因此有

$$y(x_1) \approx y_0 + f(x_0, y(x_0))(x_1 - x_0) = y_0 + hf(x_0, y_0) = y_1$$

利用 y_1 及 $f(x_1, y_1)$ 又可以算出 $y(x_2)$ 的近似值：

$$y_2 = y_1 + hf(x_1, y_1)$$

一般地，在点 $x_{n+1} = x_0 + (n+1)h$ 处 $y(x_{n+1})$ 的近似值由下式给出：

$$y_{n+1} = y_n + hf(x_n, y_n)$$

其中 h 为步长，式 $y_{n+1} = y_n + hf(x_n, y_n)$ 称为显式欧拉公式。一般而言，欧拉方法计算简便，但计算精度低，收敛速度慢。若用梯形公式计算式 $y(x_1) = y_0 + \int_{x_0}^{x_1} f(t, y(t))dt$ 右端的积分，则可望得到较高的精度。这时

$$\int_{x_0}^{x_1} f(t, y(t))dt \approx \frac{1}{2} \{ f(x_0, y(x_0)) + f(x_1, y(x_1)) \}(x_1 - x_0)$$

将这个结果代入式 $y(x_1) = y_0 + \int_{x_0}^{x_1} f(t, y(t))dt$，并将其中的 $y(x_1)$ 用 y_1 近似代替，则得

$$y_1 = y_0 + \frac{1}{2}h \left[f(x_0, y_0) + f(x_1, y_1) \right]$$

这里得到了一个含有 y_1 的方程式，如果能从中解出 y_1，用它作为近似值，可以认为比用欧拉法得出的结果要好些。仿照求 y_1 的方法，可以逐个地求出 y_2, y_3, $\cdots$ 。一般地当求出 y_n 以后，要求 y_{n+1}，可归结为解方程：

$$y_{n+1} = y_n + \frac{h}{2}\left[f(x_n, \ y_n) + f(x_{n+1}, \ y_{n+1})\right]$$

这个方法称为梯形法则，式子称为梯形公式。可以证明梯形公式比欧拉公式精度高，收敛速度快。然而用梯形法则求解，需要解含有 y_{n+1} 的方程，通常很不容易。为此，在实际计算时，可将欧拉法与梯形法则相结合，计算公式为

$$\begin{cases} y_{n+1}^{(0)} = y_n + hf(x_n, \ y_n) \\ y_{n+1}^{(k+1)} = y_n + \frac{h}{2}\left[f(x_n, \ y_n) + f(x_{n+1}, \ y_{n+1}^{(k)})\right] \quad k = 0,1,2,\cdots \end{cases}$$

这就是先用欧拉法由 $(x_n, \ y_n)$ 得出 $y(x_{n+1})$ 的初始近似值 $y_{n+1}^{(0)}$，然后用式子中第二式进行迭代，反复改进这个近似值，直到 $\left|y_{n+1}^{(k+1)} - y_{n+1}^{(k)}\right| < \varepsilon$（$\varepsilon$ 为所允许的误差）为止，并把 $y_{n+1}^{(k)}$ 取作近似值 y_{n+1}。这个方法称为改进的欧拉方法，通常把式子称为预报校正公式，其中第一式称预报公式，第二式称校正公式。由于式子也是显示公式，所以采用改进欧拉方法不仅计算方便，而且精度较高，收敛速度快，是常用的方法之一。此外，常用的方法还有二阶、四阶龙格库塔法和线性多步法等。

二、利用 MATLAB 求解微分方程

（一）符号解法

MATLAB 中求微分方程解析解的命令如下：

dsolve（'方程1'，'方程2'，……，'方程n'，'初始条件'，'自变量'）

注：在表述微分方程时，用字母 D 表示求微分，$D2$、$D3$ 等表示求高阶微分。任何 D 后的字母为因变量，自变量可以指定或由系统规则选定为缺省。如微分方程 $\frac{d^2 y}{dx^2} = 0$ 应表示为 $D2y = 0$。

例：求下述微分方程的特解

$$\begin{cases} \frac{d^2 y}{dx^2} + 4\frac{dy}{dx} + 29y = 0 \\ y(0) = 0, \ y'(0) = 15 \end{cases}$$

解：在 MATLAB 命令窗口中输入

$$y = dsolve('D2y + 4*Dy + 29*y = 0', \ 'y(0) = 0, \ Dy(0) = 15', \ 'x')$$

$$y = 3*\exp(-2*x)*\sin(5*x)$$

即 $y(x) = 3e^{-2x}\sin(5x)$。

例：求下述微分方程组的通解。

$$\begin{cases} \dfrac{\mathrm{d}x}{\mathrm{d}t} = 2x - 3y + 3z \\[2mm] \dfrac{\mathrm{d}y}{\mathrm{d}t} = 4x - 5y + 3z \\[2mm] \dfrac{\mathrm{d}z}{\mathrm{d}t} = 4x - 4y + 2z \end{cases}$$

解：在 MATLAB 命令窗口中输入

$[x, y, z] =$ dsolve（$'Dx = 2 * x - 3 * y + 3 * z', 'Dy = 4 * x - 5 * y + 3 * z', 'Dz = 4 * x -$

$4 * y + 2 * z', 't'$）；

x=simple（x）% 将 x 化简

y=simple（y）

z=simple（z）

x=

C2*exp（t）−2+C3/exp（t）

y=

C2*exp（2*t）+C3*exp（−t）+exp（−2*t）*Cl

z=

C2*exp（2*t）+exp（−2*t）*Cl

即 $x(t) = C_2 \mathrm{e}^{2t} + C_3 \mathrm{e}^{-t}$，$y(t) = C_1 \mathrm{e}^{-2t} + C_2 \mathrm{e}^{2t} + C_3 \mathrm{e}^{-t}$，$z(t) = C_1 \mathrm{e}^{-2t} + C_2 \mathrm{e}^{2t}$。

（二）数值解法

MATLAB 对常微分方程的数值求解是基于一阶方程进行的，通常采用龙格 – 库塔方法，所对应的 MATLAB 命令为 ode（Odinary Differential Equation 的缩写），如 ode23、ode45、ode23s、ode23tb、ode15s、ode113 等，分别用于求解不同类型的微分方程，如刚性方程和非刚性方程等。

MATLAB 中求解微分方程的命令如下：

[t，x]=solver（$'$ f$'$，tspan，x_0，options）

其中 solver 可取如 ode45，ode23 等函数名，f 为一阶微分方程组编写的 M 文件名，tspan 为时间矢量，可取两种形式：

① tspan=[to，q] 时，可计算出从 t_0 到 t_f 的微分方程的解；

② tspan=[t_0，t_1，t_2，…，t_m] 时，可计算出这些时间点上的微分方程的解。

x_0 为微分方程的初值，options 用于设定误差限（缺省时设定相对误差 10^{-6}，绝对误差 10^{-6}），命令为：options=odeset（$'$ reltolrt$'$，$'$ abstol$'$，at），其中 rt，at 分别为设定的相对误差和绝对误差界。输出变量 x 记录着微分方程的解，t 包含相应的时间点。

下面按步骤给出用 MATLAB 求解微分方程的过程。

第一步：首先将常微分方程变换成一阶微分方程组。如以下微分方程

$$y^{(n)} = f\left(t,\ y,\ \dot{y},\cdots,\ y^{(n-1)}\right)$$

若令 $y_1 = y,\ y_2 = \dot{y},\cdots,\ y_n = y^{(n-1)}$，则可得到一阶微分方程组：

$$\begin{cases} \dot{y}_1 = y_2 \\ \dot{y}_2 = y_3 \\ \quad\vdots \\ \dot{y}_n = f\left(t,\ y_1,\ y_2,\cdots,\ y_n\right) \end{cases}$$

相应地可以确定初值：$x(0) = \left[y_1(0),\ y_2(0),\cdots,\ y_n(0)\right]$。

第二步：将一阶微分方程组编写成 M 文件，设为 myfun（$t,\ y$）

$$\text{function dy=myfun}（t,\ y）$$

dy=[y（2）；y（3）；$\cdots$；f（$t,\ y$（1），y（2），$\cdots$，y（$n-1$））]；

第三步：选取适当的 MATLAB 函数求解。

一般的常微分方程可以采用 ode23，ode45 或 ode113 求解。对于大多数场合的首选算法是 ode45；ode23 与 ode45 类似，只是精度低一些；当 ode45 计算时间太长时，可以采用 ode113 取代 ode45。ode15s 和 ode23s 则用于求解陡峭微分方程（在某些点上具有很大的导数值）。当采用前三种方法得不到满意的结果时，可尝试采用后两种方法。

例：求解用于描述电子电路中三极管的振荡效应的 Van der Pol 方程

$$\begin{cases} \dfrac{d^2x}{dt^2} - 1\,000\left(1-x^2\right)\dfrac{dx}{dt} + x = 0 \\ x(0) = 2;\ x'(0) = 0 \end{cases}$$

解：令 $y_1 = x,\ y_2 = x'$，则微分方程变为一阶微分方程组

$$\begin{cases} y_1' = y_2 \\ y_2' = 1\,000\left(1-y_1^2\right)y_2 - y_1 \\ y_1(0) = 2,\ y_2(0) = 0 \end{cases}$$

方程组写成向量形式

$$y' = f(t,\ y),\ \text{式中}\ y = \begin{bmatrix} y_1 \\ y_2 \end{bmatrix},\ f(t,\ y) = \begin{bmatrix} y_2 \\ 1\,000\left(1-y_1^2\right)y_2 - y_1 \end{bmatrix}$$

建立 m. 文件 Van der Pol. m 如下，该 m 文件形成 $f(t,\ y)$：

$$\text{function } f=\text{Van der Pol}（t,\ y）$$

f=[y（2）；1 000*（1-y（1）^2）*y（2）-y（1）]；

注意，即便该函数不显式包含 t，变量 t 也必须用作一输入量。

求解区间设定为 [0，3000]，初值 [2 0]，在命令窗口中输入

[$T,\ Y$]=ode15s（'Van der Pol'，[0，3000]，[2，0]）；

运行结果为一个列向量 T 和一个矩阵 Y。T 表示一系列的 t 值，Y 的第一列表示 x

的近似值，Y 的第二列表示 x 导数的近似值。

第三节 微分方程建模的应用

一、传染病模型

流行病动力学是用数学模型研究某种传染病在某一地区是否蔓延下去，成为当地的"地方病"，或最终该病将消除。

（一）模型假设

被研究人群是封闭的，总人数为 N。$S(t)$，$I(t)$ 和 $R(t)$ 分别表示，人群中易感者、感染者（病人）和免疫者的人数。起始条件为 S_0 个易感者，I_0 个感染者，无免疫者。

单位时间内一个病人能传染的人数与健康者数成正比，即传染性接触率或传染系数。

易感人数的变化率与当时的易感人数和感染人数之积成正比。

单位时间内病后免疫人数与当时患者人数（或感染人数）成正比，比例系数称为恢复系数或恢复率。

（二）模型建立

根据上述假设，可以建立如下模型：

$$\begin{cases} \dfrac{dI}{dt} = \lambda SI - \mu I \\ \dfrac{dS}{dt} = -\lambda SI \\ \dfrac{dR}{dt} = \mu I \\ S(t) + I(t) + R(t) = N \end{cases}$$

以上模型又称 Kermack-Mckendrick 方程。

（三）模型求解与分析

对于方程 $\begin{cases} \dfrac{dI}{dt} = \lambda SI - \mu I \\ \dfrac{dS}{dt} = -\lambda SI \\ \dfrac{dR}{dt} = \mu I \\ S(t) + I(t) + R(t) = N \end{cases}$ 无法求出 $S(t)$，$I(t)$ 和 $R(t)$ 的解析解，转到平面 S-I

上来讨论解的性质。由方程中的前两个方程消dt可得

$$\begin{cases} \dfrac{\mathrm{d}I}{\mathrm{d}S} = \dfrac{1}{\sigma S} - 1 \\ I\big|_{S=S_0} = I_0 \end{cases}$$

其中$\sigma = \lambda / u$，是一个传染期内每个患者有效接触的平均人数，称为接触数。用分离变量法可求出式子的解为

$$I = (S_0 + I_0) - S + \frac{1}{\sigma} \ln \frac{S}{S_0}$$

S与I的关系如图6-1所示，从图中可以看出，当初始值$S_0 \leqslant 1/\sigma$时，传染病不会蔓延，患者人数一直在减少并逐渐消失。而当$S_0 > 1/\sigma$时，患者人数会增加，传染病开始蔓延，健康者的人数在减少。当$S(t)$减少至$1/\sigma$时，患者在人群中的比例达到最大值，然后患者数逐渐减少至0。由此可知，$1/\sigma$是一个阈值，要想控制传染病的流行，应控制S_0使之小于此阈值。

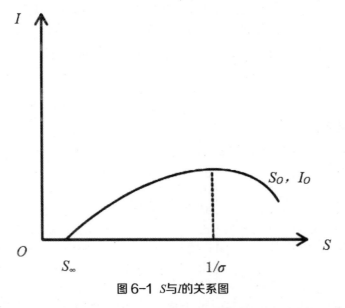

图 6-1 S与I的关系图

由上述分析可知：要控制此类传染病的流行可通过两个途径：一是提高卫生和医疗水平，卫生水平越高，传染性接触率就越小；医疗水平越高，恢复系数μ就越大。这样，阈值$1/\sigma$就越大，因此提高卫生和医疗水平有助于控制传染病的蔓延。二是通过降低S_0来控制传染病的蔓延。由$S_0 + R_0 + I_0 = N$可知，要想减小S_0可通过提高R_0来实现，而这又可通过预防接种和群体免疫等措施来实现。

（四）参数估计

参数σ的值可由实际数据估计得到，记S_∞，I_∞分别是传染病流行结束后的健康

者人数和患者人数。当流行结束后，患者都将转为免疫者。所以，$I_\infty = 0$。则由式

$I = (S_0 + I_0) - S + \frac{1}{\sigma}\ln\frac{S}{S_0}$ 可得

$$I_\infty = 0 = S_0 + I_0 - S_\infty + \frac{1}{\sigma}\ln\frac{S_\infty}{S_0}$$

解出 σ 得

$$\sigma = \frac{\ln S_0 - \ln S_\infty}{S_0 + I_0 - S_\infty}$$

于是，当已知某地区某种疾病流行结束后的 S，那么可由式 $\sigma = \frac{\ln S_0 - \ln S_\infty}{S_0 + I_0 - S_\infty}$ 计算出 σ 的值，而此 σ 的值可在今后同种传染病和同类地区的研究中使用。

（五）模型应用

这里以某全托幼儿所发生的一起水痘流行过程为例，应用 K-M 模型进行模拟，并对模拟结果进行讨论。该所儿童总人数 N 为 196 人；既往患过水痘而此次未感染者 40 人；查不出水痘患病史而本次流行期间感染水痘者 96 人；既往无明确水痘史，本次又未感染的幸免者 60 人。全部流行期为 79 d，病例成代出现，每代相隔约 15 d。各代病例数，易感者数及相隔时间如表 6-1 所示。

表 6-1　某托儿所水痘流行过程中各代病例数

代	病例数	易感者数	相隔时间 /d
1	1	155	15
2	2	153	15
3	14	139	17
4	38	101	14
5	34	67	
6	7	33	
合计	96		

以初始值 $S_0 = 155$，$S_0 - S_\infty = 96$ 代入式 $\sigma = \frac{\ln S_0 - \ln S_\infty}{S_0 + I_0 - S_\infty}$ 可得 $1/\sigma = 100.43$。将 σ 代入式 $I = (S_0 + I_0) - S + \frac{1}{\sigma}\ln\frac{S}{S_0}$ 可得该流行过程的模拟结果（见表 6-2）。

本例整个流行期为 79 d，以初始时间 t_0 为起点，相邻间隔约 5 d（79/15=5.27）。所以，自 t_0 起，每隔 3 个单位时间所对应的日期与表 6-2 中的各代相邻时间基本吻合。经过计算，与按代统计的试验资料相比，K-M 模型取得了较好的拟合效果。

通过本例不难看出，K-M 模型由一组微分方程构成，看似复杂，实则计算起来并不难。此外，该模型引入了 $\sigma = \lambda/u$ 项，λ 为传染性接触率，μ 为恢复率，即感染者转变为

下一代免疫者的概率，这是动力学模型两个敏感的参数，从而使得该模型具有更大的普适性。

表 6-2　用 K-M 模型模拟水痘的流行过程

单位时间	病例数	易感患者	计算值
t_0	1	155	初始值
t_1	1	154	$156-155+100.43\times\ln(155/155)=1$
t_2	1	153	$156-154+100.43\times\ln(154/155)=1.34$
t_3	2	151	$156-153+100.43\times\ln(153/155)=1.70$
t_4	2	149	$156-151+100.43\times\ln(151/155)=2.37$
t_5	3	146	$156-149+100.43\times\ln(149/155)=3.04$
t_6	4	142	$156-146+100.43\times\ln(146/155)=3.99$
t_7	5	137	$156-142+100.43\times\ln(142/155)=5.20$
t_8	7	130	$156-137+100.43\times\ln(137/155)=6.60$
t_9	8	122	$156-130+100.43\times\ln(130/155)=8.34$
t_{10}	10	112	$156-122+100.43\times\ln(122/155)=9.96$
t_{11}	11	101	$156-112+100.43\times\ln(112/155)=11.37$
t_{12}	12	89	$156-101+100.43\times\ln(101/155)=11.99$
t_{13}	11	78	$156-89+100.43\times\ln(89/155)=11.28$
t_{14}	9	69	$156-78+100.43\times\ln(78/155)=9.03$
t_{15}	6	63	$156-69+100.43\times\ln(69/155)=5.72$
t_{16}	3	60	$156-63+100.43\times\ln(63/155)=2.58$
合计	96		

二、放射性废料的处理

原子能委员会以往处理浓缩放射性废料的方法，一直是把它们装入密封的圆桶里，然后扔到水深为 90 多米的海底。生态学家和科学家们表示担心，怕圆桶下沉到海底时与海底碰撞而发生破裂，从而造成核污染。原子能委员会分辩说这是不可能的。为此工程师们进行了碰撞实验，发现当圆桶下沉速度超过 12.2　m/s 与海底相撞时，圆桶就可能发生碰裂。这样为避免圆桶碰裂，需要计算一下圆桶沉到海底时速度是多少。

已知圆桶质量 m=239.46　kg，体积 V=0.205 8　m³，海水密度 ρ=1 035.71 kg/m³，若圆桶速度小于 12.2　m/s 就说明这种方法是安全可靠的，否则就要禁止使用这种方法来处理放射性废料。假设水的阻力与速度大小成正比，其正比例常数 k=0.6。现要求建立合理的数学模型，解决如下实际问题。

问题 1：判断这种处理废料的方法是否合理？

问题 2：一般情况下，v 大，k 也大；v 小，k 也小。当 v 很大时，常用 kv 来代替，那么这时速度与时间关系如何？并求出当速度不超过 12.2　m/s，圆桶的运动时间 t 和位移 s 应

不超过多少？（k 的值仍设为 0.6）

（一）模型的建立

1. 问题 1 的模型

首先要找出圆桶的运动规律，由于圆桶在运动过程中受到自身的重力 G、水的浮力 H 和水的阻力 f 的作用，所以根据牛顿运动定律得到圆桶受到的合力 F 满足

$$F = G - H - f$$

又因为 $F = ma = m\dfrac{\mathrm{d}v}{\mathrm{d}t} = m\dfrac{\mathrm{d}^2 s}{\mathrm{d}t^2}$，$G = mg$，$H = \rho g v$ 以及 $f = kv = k\dfrac{\mathrm{d}s}{\mathrm{d}t}$，可得到圆桶的位移满足下面的微分方程

$$\begin{cases} m\dfrac{\mathrm{d}^2 s}{\mathrm{d}t^2} = mg - \rho g V - k\dfrac{\mathrm{d}s}{\mathrm{d}t} \\ \left.\dfrac{\mathrm{d}s}{\mathrm{d}t}\right|_{t=0} = s|_{t=0} = 0 \end{cases}$$

2. 问题 2 的模型

由题设条件，圆桶受到的阻力应改为 $f = kv^2 = k\left(\dfrac{\mathrm{d}s}{\mathrm{d}t}\right)^2$，类似问题 1 的模型，可得到圆桶的速度应满足如下的微分方程

$$\begin{cases} m\dfrac{\mathrm{d}v}{\mathrm{d}t} = mg - \rho g V - kv^2 \\ v|_{t=0} = 0 \end{cases}$$

（二）模型求解

1. 问题 1 的模型求解

首先根据方程 $\begin{cases} m\dfrac{\mathrm{d}^2 s}{\mathrm{d}t^2} = mg - \rho g V - k\dfrac{\mathrm{d}s}{\mathrm{d}t} \\ \left.\dfrac{\mathrm{d}s}{\mathrm{d}t}\right|_{t=0} = s|_{t=0} = 0 \end{cases}$ 求位移函数，建立 M 文件 weiyi 如下：

syms m V rho g k% 定义符号变量

s=dsolve（'m*D2s - m*g+rho*g*V+k*Ds'，'s（0）=0，Ds（0）=0'）；% 求位移函数

s=subs（s，{m，V，rho，g，k}，{239.46，0.2058，1035.71，9.8，0.6}）；% 对符号变量赋值

s=vpa（s，10）% 控制运算精度 10 位有效数字

在 MATLAB 命令窗口中输入

weiyi

s=

171510.9924*exp（-2505637685e-2*t）+429.7444060*t-171510.9924 即求得位移函数为

s（t）=-171 510.992 4+429.744t+171 510.992 4e$^{-0.0025056t}$

对式子关于时间 t 求导数，即可得速度函数为

$$v(t) = 429.7444 - 429.7444e^{-0.0025056t}$$

先求圆桶到达水深 90 m 的海底所需时间，在 MATLAB 命令窗口中输入

t=solve（s-90）% 求到达海底 90 m 处的时间

t=

12.999397765812563803103778282712

-12.859776730824056049070663329397

求得 t=12.999 4 s（负解舍去）。再把它代入方程

$v(t) = 429.7444 - 429.7444e^{-0.0025056t}$，在 MATLAB 命令窗口中输入 v=subs（v，t）% 求到达海底 90 m 处的速度

v=

13.772034766710159957800192334963

-14.072707974721567212329911645787

求出圆桶到达海底的速度为 p=13.772 0 m/s（负解舍去）。显然此时圆桶的速度已超过 12.2 m/s，可见这种处理废料的方法不合理。

2. 问题 2 的模型求解

根据式 $\begin{cases} m\dfrac{dv}{dt} = mg - \rho gV - kv^2 \\ v\big|_{t=0} = 0 \end{cases}$ 求圆桶的速度函数，建立 m 文件 sudu.m 如下：

syms m V rho g k

v=dsolve（'m*Dv—m*g+rho*g*V+k*v^2'，'v（0）=0'）；

v=subs（v，{m，V，rho，g，k}，{239.46，0.2058，1035.71，9.8，0.6}）；v=simple（v）；

v=vpa（v，7）

在 MATLAB 命令窗口中输入

sudu

v=

20.73027*tanh（5194257e-1*t）

即求得速度函数为

$v(t) = 20.7303\tanh(0.0519t)$

在 MATLAB 命令窗口中输入

t=solve（v-12.2）% 求时间的临界值

s=int（v，0，t）% 求位移的临界值

t=

13.0025457112828121524670199961348

s=

84.8439493614176147974386544920 62

这时若速度要小于12.2 m/s，那么经计算可得圆桶的运动时间不能超过 T=13.0025 s，利用位移 $s(T) = \int_0^T v(t)\mathrm{d}t$，计算得位移不能超过 84.843 8 m。通过这个模型，也可以得到原来处理核废料的方法是不合理的。

第四节 差分方程的求解方法

在实际中，许多问题所研究的变量都是离散形式，所建立的数学模型也是离散的，如政治、经济和社会等领域中的实际问题。有时即使所建立的数学模型是连续形式，如常见的微分方程模型、积分方程模型等，但这些模型往往都需要用计算机求解，这就需要将连续变量在一定条件下进行离散化，从而将连续型模型转化为离散型模型。因此，上述问题最后都归结为求解离散形式的差分方程，差分方程理论和求解方法在数学建模和解决实际问题过程中起着重要作用。

一、差分方程建模引例

例：（储蓄问题）考虑储蓄额度为 1 000 元的储蓄存单，月利率为1%，试计算第 k 个月后该存单的实际价值。

解：根据题意，假定存单在存期内利率保持不变，记 r 为月利率，x_k 为第 k 个月末该存单的价值（本息合计，单位：元）。以第 k 个月末到第 k+1 个月末作为一个时间单元，则第 k+1 个月末存单的实际价值为上月月末存单的实际价值加上该月产生的利息，即

$$x(k+1) = x(k)(1+r)$$

由已知条件,其存单储蓄额度为1 000元,即$x_0 = 1\,000$,于是联立即得相应的差分模型:

$$x(k+1) = x(k)(1+r), \quad x_0 = 1\,000$$

由上可见,差分方程模型一般以数列的形式定义,对数列$\{x_n\}$,称

$$F\left(n;\ x_n,\ x_{n+1}, \cdots,\ x_{n+k}\right) = 0$$

为k阶差分方程。若有$x_n = x(n)$,满足$F(n,\ x(n),\ x(n+1), \cdots,\ x(n+k)) = 0$,则称是差分方程式$F\left(n;\ x_n,\ x_{n+1}, \cdots,\ x_{n+k}\right) = 0$的解,包含$k$个任意常数的解称为式子的通解,$x_0$,$x_1, \cdots,\ x_{k-1}$为已知时称为式子的初始条件,通解中的任意常数都由初始条件确定后的解称为式子的特解。若$x_0, x_1, \cdots, x_{k-1}$已知,则$x_{n+k} = g\left(n;\ x_n,\ x_{n+1}, \cdots,\ x_{n+k-1}^{*}\right)$的差分方程的解可以在计算机上实现。

二、差分方程的求解

(一)常系数差分方程的求解方法

1. 常系数线性齐次差分方程的求解方法

常系数线性齐次差分方程的一般形式为

$$x_n + a_1 x_{n-1} + a_2 x_{n-2} + \cdots + a_k x_{n-k} = 0$$

式中,k为差分方程的阶数;$a_i (i = 1, 2, \cdots,\ k)$为差分方程的系数,且$a_k \neq 0 (k \leqslant n)$。对应的代数方程

$$\lambda^k + a_1 \lambda^{k-1} + a_2 \lambda^{k-2} + \cdots + a_k = 0$$

称为差分方程式$x_n + a_1 x_{n-1} + a_2 x_{n-2} + \cdots + a_k x_{n-k} = 0$的特征方程,特征方程的根称为特征根。

常系数线性齐次差分方程的解由相应的特征根的不同情况有不同的形式,下面分别就特征根为单根、重根和复根的情况给出差分方程解的形式。

(1)特征根为单根

设特征方程式$\lambda^k + a_1 \lambda^{k-1} + a_2 \lambda^{k-2} + \cdots + a_k = 0$有$k$个单特征根$\lambda_1$,$\lambda_2$,$\lambda_3, \cdots,\ \lambda_k$,则差分方程式$x_n + a_1 x_{n-1} + a_2 x_{n-2} + \cdots + a_k x_{n-k} = 0$的通解为

$$x_n = c_1 \lambda_1^n + c_2 \lambda_2^n + \cdots + c_k \lambda_k^n$$

其中$C_1 + C_2 + \cdots + C_1$为任意常数,且当给定初始条件

$$x_i = x_i^{(0)} \quad (i = 1, 2, \cdots,\ k)$$

时,可以唯一确定一个特解。

(2)特征根为重根

设特征方程式$\lambda^k + a_1 \lambda^{k-1} + a_2 \lambda^{k-2} + \cdots + a_k = 0$有$l$个相异的特征根$\lambda_1$,$\lambda_2$,$\lambda_3, \cdots,$ $\lambda_l (1 \leqslant l \leqslant k)$重数分别为$m_1$,$m_2, \cdots,\ m_l$且$\sum\limits_{i=1}^{l} m_i = k$,则差分方程式$x_n + a_1 x_{n-1} + a_2 x_{n-2} + \cdots + a_k x_{n-k} = 0$的通解为

$$x_n = \sum_{i=1}^{m_1} c_{1i} n^{i-1} \lambda_1^n + \sum_{i=1}^{m_2} c_{2i} n^{i-1} \lambda_2^n + \cdots + \sum_{i=1}^{m_l} c_{li} n^{i-1} \lambda_l^n$$

同样地，由给定的初始条件式 $x_i = x_i^{(0)}(i=1,2,\cdots,\ k)$ 可以唯一确定一个特解。

（3）特征根为复根

设特征方程式 $\lambda^k + a_1 \lambda^{k-1} + a_2 \lambda^{k-2} + \cdots + a_k = 0$ 的特征根为一对共轭复根 λ_1，$\lambda_2 = \alpha \pm i\beta$ 和相异的 $k-2$ 个单根 λ_3，则差分方程式 $x_n + a_1 x_{n-1} + a_2 x_{n-2} + \cdots + a_k x_{n-k} = 0$ 的通解为

$$x_n = c_1 \rho^n \cos n\theta + c_2 \rho^n \sin n\theta + c_3 \lambda_3^n + c_4 \lambda_4^n + \cdots + c_k \lambda_k^n$$

其中 $\rho = \sqrt{\alpha^2 + \beta^2}$，$\theta = \arctan \dfrac{\beta}{\alpha}$。同样由给定的初始条件式 $x_i = x_i^{(0)}$ $(i=1,2,\cdots,\ k)$ 可以唯一确定一个特解。

另外，对于有多个共轭复根和相异实根，或共轭复根和重根的情况，都可以类似地给出差分方程解的形式。

2. 常系数线性非齐次差分方程的求解方法

常系数线性非齐次差分方程的一般形式为

$$x_n + a_1 x_{n-1} + a_2 x_{n-2} + \cdots + a_k x_{n-k} = f(n)$$

式中，k 为差分方程的阶数；$a_i(i=1,2,\cdots,\ k)$ 为差分方程的系数；$a_k \neq 0 (k \leqslant n)$；$f(n)$ 为已知函数。

在差分方程式 $x_n + a_1 x_{n-1} + a_2 x_{n-2} + \cdots + a_k x_{n-k} = f(n)$ 中，令 $f(n) = 0$，所得方程

$$x_n + a_1 x_{n-1} + a_2 x_{n-2} + \cdots + a_k x_{n-k} = 0$$

称为非齐次差分方程式 $x_n + a_1 x_{n-1} + a_2 x_{n-2} + \cdots + a_k x_{n-k} = f(n)$ 对应的齐次差分方程，与差分方程式 $x_n + a_1 x_{n-1} + a_2 x_{n-2} + \cdots + a_k x_{n-k} = 0$ 的形式相同。

求解非齐次差分方程通解的一般方法为，首先求对应的齐次差分方程式 $x_n + a_1 x_{n-1} + a_2 x_{n-2} + \cdots + a_k x_{n-k} = 0$ 的通解 x_n^*，然后求非齐次差分方程

式 $x_n + a_1 x_{n-1} + a_2 x_{n-2} + \cdots + a_k x_{n-k} = f(n)$ 的一个特解 $x_n^{(0)}$，则

$$x_n = x_n^* + x_n^{(0)}$$

为非齐次差分方程式的通解。

求 x_n^* 的方法与求差分方程式 $x_n + a_1 x_{n-1} + a_2 x_{n-2} + \cdots + a_k x_{n-k} = 0$ 的方法相同。非齐次方程式 $x_n + a_1 x_{n-1} + a_2 x_{n-2} + \cdots + a_k x_{n-k} = f(n)$ 的特解 $x_n^{(0)}$，可以用观察法确定，也可以根据 $f(n)$ 的特性用待定系数法确定，具体方法可参照常系数线性非齐次微分方程求特解的方法。

（二）差分方程解的稳定性

若有常数 a 是差分方程式 $F(n;\ x_n,\ x_{n+1},\cdots,\ x_{n+k}) = 0$ 的解，即 $F(n;\ a,\ a,\ \cdots,\ a) = 0$，则称 a 是差分方程式 $F(n;\ x_n,\ x_{n+1},\cdots,\ x_{n+k}) = 0$ 的平衡点。若对差分方程式 $F(n;\ x_n,\ x_{n+1},\cdots,\ x_{n+k}) = 0$ 的任意由初始条件确定的解 $x_n = x(n)$ 都有

$$x_n \to a, (n \to \infty)$$

称这个平衡点a是稳定的。

1. 一阶常系数线性差分方程

$$x_{k+1} + ax_k = b, \quad k = 0,1,2,\cdots$$

式中a，b为常数，且$a \neq -1,0$。它的平衡点由代数方程$x + ax = b$求解得到，不妨记为x^*。如果$\lim_{k \to \infty} x_k = x^*$，则称平衡点$x^*$是稳定的，否则是不稳定的。

一般将平衡点x^*的稳定性问题转化为以$x_{k+1} + ax_k = 0$的平衡点$x^* = 0$的稳定性问题。由$x_{k+1} + ax_k = 0$可以解得$x_k = (-a)^k x_0$，于是$x^* = 0$是稳定的平衡点的充要条件：$|a| < 1$。

对于n维向量$x(k)$和$n \times n$常数矩阵A构成的方程组

$$x(k+1) + Ax(k) = 0$$

其平衡点是稳定的充要条件是A的所有特征根都有$|\lambda_i| < 1(i = 1,\cdots,\ n)$。

2. 二阶常系数线性差分方程

$$x_{k+2} + a_1 x_{k+1} + a_2 x_k = 0, \quad k = 0,1,2,\cdots$$

式中a_1，a_2为常数。其平衡点$x^* = 0$稳定的充要条件是特征方程$\lambda^2 + a_1 \lambda + a_2 = 0$的根$\lambda_1, \lambda_2$满足$|\lambda_1| < 1, |\lambda_2| < 1$。对于一般的$x_{k+2} + a_1 x_{k+1} + a_2 x_k = b$平衡点的稳定性问题可同样给出，类似可推广到$n$阶线性差分方程的情况。

3. 一阶非线性差分方程

$$x_{k+1} = f(x_k), \quad k = 0,1,2,\cdots$$

式中f为已知函数，其平衡点x^*由代数方程$x = f(x)$解出。为分析平衡点x^*的稳定性，将上述差分方程近似为一阶常系数线性差分方程$x_{n+1} = f'(x^*)(x_n - x^*) + f(x^*)$。当$|f'(x^*)| \neq 1$时，上述近似线性差分方程与原非线性差分方程的稳定性相同。因此，当$|f'(x^*)| < 1$时，x^*是稳定的；当$|f'(x^*)| > 1$时，x^*是不稳定的。

（三）利用 MATLAB 求解差分方程

差分方程一般为递推形式，由已知数据，只需按照递推形式即可求解。下面举例说明。

例：某人从银行贷款购房，若他今年初贷款10万元，月利率0.5%，他每月还1 000元，建立差分方程计算他每年末欠银行多少钱？多少时间能还清？

解：记第k个月末他欠银行的钱为$x(k)$，月利率为r，$a = 1 + r$，b为每月还的钱，则第$k+1$个月末欠银行的钱为

$$x(k+1) = ax(k) - b, \ a = 1 + r, \ b = 1\ 000, \ k = 0,1,2,\cdots$$

将$r = 0.005$和$x(0) = 100\ 000$代入，用 MATLAB 计算得结果。

编写 M 文件：

function$[x,\ t]$=Repayment（x0，r，b）

% 计算每年末欠银行的钱，并计算还清贷款的时间

% 输入变量：初始贷款 x0，月利率 r，每月还款 b

% 输出变量：每月还款 x，还清贷款的时间 t

a=1+r ;

x=x0 ; t=0 ;

while $x > 0$

x0=a*x0—b ;

x=[x，x0] ;

t=t+1 ;

end

命令窗口输入：

[x，t]=Repayment（100000，0.005，1000）

所以如果每月还 1 000 元，则需要 139 个月，即 11 年 7 个月还清。

第五节　差分方程模型应用

一、房屋贷款偿还问题

假设个人住房公积金贷款月利率和个人住房商业性贷款月利率如表6-3所示。

表6-3　个人住房公积金贷款月利率和个人住房商业性贷款月利率

贷款年限 / 年	公积金贷款月利率 /%	商业性贷款月利率 /%
1	3.54	4.65
2	3.63	4.875
3	3.72	4.875
4	3.78	4.95
5	3.87	4.95
6	3.96	5.025
7	4.05	5.025
8	4.14	5.025
9	4.2075	5.025
10	4.275	5.025
11	4.365	5.025
12	4.455	5.025
13	4.545	5.025
14	4.635	5.025
15	4.725	

王先生要购买一套商品房,需要贷款25万元。其中公积金贷款10万,分12年还清;商业性贷款15万,分15年还清。每种贷款按月等额还款。问:

问题1:王先生每月应还款多少?

问题2:用列表方式给出每年年底王先生尚欠的款项。

问题3:在第12年还清公积金贷款,如果他想把余下的商业性贷款一次还清,应还多少?

(一)基本假设和符号说明

假设一:王先生每月都能按时支付房屋贷款所需的偿还款项;

假设二:贷款期限确定之后,公积金贷款月利率L_1和商业性贷款月利率L_2均不变。

设y_0和z_0分别为初始时刻公积金贷款数和商业性贷款数,设B、C分别为每月应偿还的公积金贷款数和商业性贷款数。因每月偿还的数额相等,故B、C均为常数。设y_h和z_k分别为第k个月尚欠的公积金贷款数和商业性贷款数。

(二)建立模型

因为下一个月尚欠的贷款数应该是上一个月尚欠贷款数加上应付利息减去该月的偿还款数,所以有

1. 公积金贷款第$k+1$个月尚欠款数为

$$y_{k+1} = (1+L_1)y_k - B$$

由于

$$
\begin{aligned}
y_{k+1} &= (1+L_1)y_k - B = (1+L_1)\left[(1+L_1)y_{k-1} - B\right] - B \\
&= (1+L_1)^2 y_{k-1} - \left[(1+L_1)+1\right]B = \cdots \\
&= (1+L_1)^{k+1} y_0 - \frac{(1+L_1)^{k+1}-1}{L_1}B
\end{aligned}
$$

2. 同理可得,商业性贷款第$k+1$个月尚欠款数为

$$z_{k+1} = (1+L_2)^{k+1} z_0 - \frac{(1+L_2)^{k+1}-1}{L_2}C$$

(三)模型求解

公积金贷款分12年还清,这就是说第$k = 12 \times 12 = 144$个月时还清,即

$$y_{144} = (1+L_1)^{144} y_0 - \frac{(1+L_1)^{144}-1}{L_1}B = 0$$

解得

$$B = \frac{L_1 y_0}{1-(1+L_1)^{-144}}$$

用 $y_0 = 100\,000$ 元，$L_1 = 0.004\,455$ 代入上式，计算得 $B = 942.34$ 元。同理利用式

$$z_{k+1} = (1+L_2)^{k+1} z_0 - \frac{(1+L_2)^{k+1}-1}{L_2} C$$ 算得每月偿述的商业性贷款数

$$C = \frac{L_2 z_0}{1-(1+L_2)^{-180}}$$

用 $z_0 = 150\,000$ 元，$L_2 = 0.005\,025$ 代入上式，计算得：$C = 1\,268.20$ 元。

从上面的计算结果可知，王先生每月应偿还的贷款数为

$$B+C = 942.34 + 1\,268.2 = 2\,210.54 \text{元}$$

在式 $y_{k+1} = (1+L_1)y_k - B$ 和式 $z_{k+1} = (1+L_2)^{k+1} z_0 - \dfrac{(1+L_2)^{k+1}-1}{L_2} C$ 中取 $k = 12n$, $n =$ 1, 2, $\cdots$, 15，可计算出王先生每年底尚欠的贷款数，其结果如表 6-4 所示。

若在还清公积金贷款后，王先生把余下的商业性贷款全部一次性还清。由表 6-4 可知在第 12 年年底王先生还要还 41 669 元。

表 6-4　王先生每年底尚欠的贷款额

单位：元

第几年	尚欠公积金贷款	尚欠商业性贷款	尚欠贷款总额
1	93 290	143 653	237 543
2	87 444	136 912	224 356
3	80 646	129 754	210 400
4	73 475	122 151	195 626
5	65 912	114 079	179 991
6	57 934	105 504	163 438
7	49 518	96 398	145 916
8	40 642	86 728	127 370
9	31 280	76 458	107 738
10	21 404	65 552	86 956
11	10 987	53 696	64 956
12	0	41 669	41 669
13	0	28 606	28 606
14	0	14 733	14 733
15	0	0	0

（四）模型检验

为了验证模型的正确性，做如下讨论：

由式 $y_{k+1} = (1+L_1)y_k - B$ 可得

$$y_{k+1} = \frac{(1+L_1)^k}{L_1}(L_1 y_0 - B) + \frac{B}{L_1}$$

①当$B > L_1 y_0$，即每月偿还数大于贷款数的月息时

$$\lim_{k \to -\infty} y_k = -\infty$$

这表示对于足够大的 y_k 能还清贷款。

②当$B = L_1 y_0$时，$y_k = \frac{B}{L_1} = y_0$，即每月只付利息的话，所欠贷款数始终是初始贷款数。

③当$B < L_1 y_0$时，即每月支付少于月息，则

$$\lim_{k \to \infty} y_k = \infty$$

此时，所欠款数将逐月无限增大，可见所建模型与实际情况相符。

二、国民收入的稳定问题

国民收入的分配是影响国家和社会经济发展的重要问题，国民收入的分配主要包括三方面：消费基金、投入再生产的积累基金和支付政府用于公共设施的开支。若消费基金比例过高，将影响社会再生产，从而影响下一年度国民收入的增长，当然同时也影响公共设施的建设；若积累基金比例过大，则会影响当前人们的生活水平。因此有必要从国民收入的稳定出发，合理分配国民收入。

（一）基本假设和符号说明

假定国民收入只用于消费、再生产和公共设施开支三方面。

x_k表示第k个周期（第k年）的国民收入水平；

C_k表示第k个周期内的消费水平；

s_k表示第k个周期内用于再生产的投资水平；

g表示政府用于公共设施的开支，设为常量。

（二）模型建立

根据以上假设，有

$$x_k = C_k + s_k + g$$

又由于C_k的值由前一周期的国民收入水平确定，即

$$C_k = ax_{k-1}$$

其中a为常数，$0 < a < 1$。s_k取决于消费水平的变化，即

$$s_k = b(C_k - C_{k-1})$$

其中$b > 0$为常数。将式$C_k = ax_{k-1}$、式$s_k = b(C_k - C_{k-1})$代入式$x_k = C_k + s_k + g$得

$$x_k = ax_{k-1} + b(C_k - C_{k-1}) + g = ax_{k-1} + abx_{k-1} - abx_{k-2} + g$$

即

$$x_k - a(1+b)x_{k-1} + abx_{k-2} = g$$

式 $x_k - a(1+b)x_{k-1} + abx_{k-2} = g$ 是一个递推式的差分方程，利用该式及 $k-1$，$k-2$ 周期（年度）的有关数据，可以预测第 k 个周期的国民收入水平。反复利用式 $x_k - a(1+b)x_{k-1} + abx_{k-2} = g$ 可以预测指定周期的国民收入水平，从而反映经济发展趋势。

（三）模型结果与分析

下面利用差分方程的稳定性理论研究保持国民收入稳定的条件。式 $x_k - a(1+b)x_{k-1} + abx_{k-2} = g$ 是一常系数非齐次差分方程，其对应的齐次差分方程为

$$x_k - a(1+b)x_{k-1} + abx_{k-2} = 0$$

特征方程为

$$\lambda^2 - a(1+b)\lambda + ab = 0$$

判别式：$\Delta = a^2(1+b)^2 - 4ab$。当 $\Delta = a^2(1+b)^2 - 4ab < 0$ 时，特征方程式 $\lambda^2 - a(1+b)\lambda + ab = 0$ 有一对共轭复根

$$\lambda = \frac{a(1+b) \pm \sqrt{4ab - a^2(1+b)^2}}{2}$$

记 $\lambda = \rho e^{\pm i\varphi}$，其中 $\rho = \sqrt{ab}$，$\varphi = \arctan \frac{\sqrt{4ab - a^2(1+b)^2}}{a(1+b)}$。可得齐次差分方程式 $x_k - a(1+b)x_{k-1} + abx_{k-2} = 0$ 的通解为

$$x_k = (\sqrt{ab})^k (A_1 \cos k\varphi + A_2 \sin k\varphi)$$

其中 A_1，A_2 为任意常数。

由于 $0 < a < 1, b > 0$，所以 0 不是特征根，故非齐次差分方程式 $x_k - a(1+b)x_{k-1} + abx_{k-2} = g$ 的特解可设为 $x_k^* = c$，c 为常数，代入式 $x_k - a(1+b)x_{k-1} + abx_{k-2} = g$ 得

$$c[1 - a(1+b) + ab] = g$$

因为 $0 < a < 1$，可解得 $c = \frac{g}{1-a}$。由此可得方程式 $x_k - a(1+b)x_{k-1} + abx_{k-2} = g$ 的通解为

$$x_k = (ab)^{k/2}[A_1 \cos k\varphi + A_2 \sin k\varphi] + \frac{g}{1-a}$$

利用式 $x_k = (ab)^{k/2}[A_1 \cos k\varphi + A_2 \sin k\varphi] + \frac{g}{1-a}$，考虑当 k 增加时，x_k 的发展趋势。由差分方程稳定性理论可知，当特征根的模 $\rho < 1$ 即 $ab < 1$ 时，差分方程的解是稳定的，否则是不稳定的。

实际上，由式 $x_k = (ab)^{k/2}[A_1 \cos k\varphi + A_2 \sin k\varphi] + \frac{g}{1-a}$ 也可看出，对任何 $k, \cos(k\varphi)$，$\sin(k\varphi)$ 均为有界值，$\frac{g}{1-a}$ 是常量，因此 x_k 的变化主要取决于 ab 的值。当 $ab < 1$ 时，

$(ab)^{\frac{k}{2}} \to 0, k \to \infty$；当 $ab > 1$ 时，$(ab)^{\frac{k}{2}} \to \infty, k \to \infty$。这样，当 $a^2(1+b)^2 < 4ab$ 时，x_k 的变化趋势有两种：

第一种：当 $ab < 1, k \to +\infty$ 时，则 $x_k \to \dfrac{g}{1-a}$，即国民收入趋于稳定；

第二种：当 $ab > 1, k \to +\infty$ 时，则 x_k 振荡，振幅增加且不存在极限值，国家经济出现不稳定局面。

综上所述，我们可以根据 $\dfrac{1}{4}a^2(1+b)^2 < ab < 1$ 是否成立来预测经济发展趋势。其中 a, b 的数值需通过国家周期（如年度）统计数据来确定。下面举例说明：

①设 $a = \dfrac{1}{2}$，$b = 1$，$g = 1$，$x_0 = 2$，$x_1 = 3$。因为 $ab = \dfrac{1}{2} < 1$ 且 $\dfrac{1}{4}a^2(1+b)^2 = 0.25 < ab$，所以经济处于稳定状态。事实上，利用式 $x_k = (ab)^{k/2} \left[A_1 \cos k\varphi + A_2 \sin k\varphi\right] + \dfrac{g}{1-a}$ 可以算出

$$x_2 = 3, \quad x_3 = 2.5, \quad x_4 = 2, \quad x_5 = 1.75, \quad x_6 = 1.75, \quad x_7 = 1.875$$
$$x_8 = 2, \quad x_9 = 2.062\,5, \quad x_{10} = 2.062\,5, \quad x_{11} = 2.031\,25$$
$$\max_{0 \leqslant i, j \leqslant 11} |x_i - x_j| = 3 - 1.75 = 1.25$$

即国民收入的波动不超过 1.25 单位。

在此例中，$x_1 = 3, c_1 = ax_0 = 0.5 \times 2 = 1, g = 1, s_1 = x_1 - c_1 - g = 1$。这说明在国民收入中，$a, b$ 确定的情况下，消费、再生产投资及公共开支各占1/3的比例是比较适宜的。

②设 $a = 0.8$，$b = 2$，$g = 1$，$x_0 = 2$，$x_1 = 3$，$a^2(1+b)^2 - 4ab = -0.64 < 0$，$ab = 1.6$。

当 $k \to +\infty$ 时，x_k 的振幅无限增大，经济出现不稳定的局面。事实上，利用式 $x_k = (ab)^{k/2} \left[A_1 \cos k\varphi + A_2 \sin k\varphi\right] + \dfrac{g}{1-a}$ 可以算出

$$x_2 = 5.0, \quad x_3 = 8.2, \quad x_4 = 12.68, \quad x_5 = 18.312, \quad x_6 = 24.661, \quad x_7 = 30.887, \quad x_8 = 35.671, \quad x_9 = 37.191$$

由 $x_0, x_1, \cdots, x_9$ 的值表明国民收入的波动已远远超过2个单位。相应地，它不具有稳定性。继续计算，得 $x_{10} = 33.186$，$x_{11} = 21.140$，$x_{12} = -1.362$，当 x_i 的值为负值时，表示国家经济危机已经到来。

三、染色体遗传模型

在常染色体遗传中，后代从每个亲体的基因对中各继承一个基因，形成自己的基因对，基因对也称为基因型。如果所考虑的遗传特征是由两个基因A和a控制的，那么就有三种基因对，记为AA，Aa，aa。如金鱼草由两个遗传基因决定花的颜色，基因型是AA的金鱼草开红花，Aa型的开粉红色花，而aa型的开白花。又如人类眼睛的颜色也是通过常染色体遗传控制的，基因型是AA或Aa的人，眼睛为棕色，基因型是aa的人，眼睛为蓝

色。这里因为AA和Aa都表示了同一外部特征，我们认为基因A支配基因a，也可以认为基因a对于A来说是隐性的。当一个亲体的基因型为Aa，而另一个亲体的基因型是aa时，那么后代可以从aa型中得到基因a，从Aa型中或得到基因A，或得到基因a。这样，后代基因型为Aa或aa的可能性相等。

某农场的植物园中某种植物的基因型为AA，Aa，aa。农场计划采用AA型的植物与每种基因型植物相结合的方案培育植物后代。那么经过若干年后，这种植物的任一代的三种基因型分布如何？

表6-5 双亲基因型及后代各种基因的概率

后代基因型	父母的基因型					
	AA – AA	Aa – AA	aa – AA	Aa – Aa	aa – Aa	aa – aa
AA	1	1/2	0	1/4	0	0
Aa	0	1/2	1	1/2	1/2	0
aa	0	0	0	1/4	1/2	1

（一）基本假设和符号说明

假设1：

设 a_n，b_n 和 c_n 分别表示第 n 代植物中，基因型为AA，Aa，aa植物占植物总数的百分率。令 $x^{(n)}$ 为第 n 代植物的基因型分布：$x^{(n)} = \begin{bmatrix} a_n, & b_n, & c_n \end{bmatrix}^T$，$n = 0,1,2,\cdots$ 当 $n = 0$ 时

$$x^{(0)} = \begin{bmatrix} a_0, & b_0, & c_0 \end{bmatrix}^T$$

表示植物基因的初始分布（即培育开始时的分布），显然有

$$a_0 + b_0 + c_0 = 1$$

假设2：

第 n 代的分布与第 $n-1$ 代的分布之间的关系是通过表6-5确定的。

（二）模型建立

根据假设2，先考虑第 n 代中的 AA 型。由于第 $n-1$ 代的 AA 型与 AA 型结合，后代全部是 AA 型；第 $n-1$ 代的 AA 型与 Aa 型结合，后代是 AA 型的可能性为1/2；而第 $n-1$ 代的 aa 型与 AA 型结合，后代不可能是 AA 型。因此当 $n = 1$，2，$\cdots$ 时

$$a_n = a_{n-1} + \frac{1}{2} b_{n-1} + 0 c_{n-1}$$

即 $a_n = a_{n-1} + \frac{1}{2} b_{n-1}$。类似可推出

$$b_n = \frac{1}{2}b_{n-1} + c_{n-1}$$

$$c_n = 0$$

将式 $a_n = a_{n-1} + \frac{1}{2}b_{n-1} + 0c_{n-1}$ 和式 $b_n = \frac{1}{2}b_{n-1} + c_{n-1}$ 相加，得

$$a_n + b_n + c_n = a_{n-1} + b_{n-1} + c_{n-1}$$

根据假设1，有

$$a_n + b_n + c_n = a_0 + b_0 + c_0 = 1$$

对于式 $a_n = a_{n-1} + \frac{1}{2}b_{n-1} + c_{n-1}$ 和式 $b_n = \frac{1}{2}b_{n-1} + c_{n-1}$，采用矩阵形式简记为

$$x^{(n)} = Mx^{(n-1)}$$

其中

$$M = \begin{bmatrix} 1 & 1/2 & 0 \\ 0 & 1/2 & 1 \\ 0 & 0 & 0 \end{bmatrix}$$

由式 $x^{(n)} = Mx^{(n-1)}$ 递推，得

$$x^{(n)} = Mx^{(n-1)} = M^2 x^{(n-2)} = \cdots = M^n x^{(0)}$$

式 $x^{(n)} = Mx^{(n-1)} = M^2 x^{(n-2)} = \cdots = M^n x^{(0)}$ 给出第 n 代基因型的分布与初始分布的关系。

(三)模型结果与分析

编写如下 MATLAB 程序：

```
% 定义符号变量
syms n a0 b0 c0
% 定义符号矩阵 M
M=sym（'[L 1/2, 0；0, 1/2, 1；0, 0, 0]'）;
% 计算特征值与特征向量，一般情形下可实现矩阵对角化
[P, Lambda]=eig（M）;
% 由 P^（—1）*M*P=Lambda 可计算出 M^n=P*Lambda^n*P^（- 1），从而可计算出 x：
x=P*Lambda^n*P^（- 1）*[a0；b0；c0]；
x=simplify（x）
```

求得

$$\begin{cases} a_n = 1 - \left(\frac{1}{2}\right)^n b_0 - \left(\frac{1}{2}\right)^{n-1} c_0 \\ b_n = \left(\frac{1}{2}\right)^n b_0 + \left(\frac{1}{2}\right)^{n-1} c_0 \\ c_n = 0 \end{cases}$$

当 $n \to \infty$ 时，$\left(\dfrac{1}{2}\right)^n \to 0$，所以从式 $\begin{cases} a_n = 1 - \left(\dfrac{1}{2}\right)^n b_0 - \left(\dfrac{1}{2}\right)^{n-1} c_0 \\ b_n = \left(\dfrac{1}{2}\right)^n b_0 + \left(\dfrac{1}{2}\right)^{n-1} c_0 \\ c_n = 0 \end{cases}$　得到

$a_n \to 1$，$b_n \to 0$，$c_n = 0$，即在极限的情况下，培育的植物都是 AA 型。

（四）模型讨论

若在上述问题中，不选用基因 AA 型的植物与每一植物结合，而是将具有相同基因型植物相结合，并且 $x^{(n)} = M^n x^{(0)}$，其中

$$M = \begin{bmatrix} 1 & 1/4 & 0 \\ 0 & 1/2 & 0 \\ 0 & 1/4 & 1 \end{bmatrix}$$

编写如下 MATLAB 程序：

```
syms n a0 b0 c0
M=sym（'［L 1/4，0；0，1/2，0；0，1/4，1］'）；
［P，Lambda］=eig（M）；
x=P*Lambda^n*P^—1）*［a0；b0；c0］；
x = simplify(x)
```

求得

$$\begin{cases} a_n = a_0 + \left[\dfrac{1}{2} - \left(\dfrac{1}{2}\right)^{n+1}\right] b_0 \\ b_n = \left(\dfrac{1}{2}\right)^n b_0 \\ c_n = c_0 + \left[\dfrac{1}{2} - \left(\dfrac{1}{2}\right)^{n+1}\right] b_0 \end{cases}$$

当 $n \to \infty$ 时，$a_n \to a_0 + \dfrac{1}{2} b_0$，$b_n \to 0$，$c_n \to c_0 + \dfrac{1}{2} b_0$。因此，如果用基因型相同的植物培育后代，在极限情况下，后代仅具有基因 AA 和 aa。

第七章 预测预报方法及其应用

第一节 灰色系统

一、方法使用的背景

灰色系统是指"部分信息已知，部分信息未知"的"小样本""贫信息"的不确定性系统，它通过对"部分"已知信息的生成、开发去了解、认识现实世界，实现对系统运行行为和演化规律的正确把握和描述。

灰色系统理论经过多年的发展，基本建立起一门新兴的结构体系，其研究内容主要包括灰色系统建模理论、灰色系统控制理论、灰色关联分析方法、灰色预测方法、灰色规划方法、灰色决策方法等。

灰色系统模型的特点：对试验观测数据及其分布没有特殊的要求和限制，是一种十分简便的新理论，具有十分宽广的应用领域。

这里主要介绍灰色 GM（1，1）模型预测。灰色系统 GM（1，1）模型是依据系统中已知的多种因素的综合数据，将此数据的时间序列按微分方程拟合去逼近上述时间序列所描述的动态过程，进而向后推导，达到预测目的，这样拟合得到的模型是一个变量时间序列的一阶微分方程，因此简记为 GM（1，1）模型。

使用 GM（1，1）模型进行时间序列预测，要求数据满足三个条件。一是数据量小，一般为7～15个数据；二是数据的总体可以不服从正态分布或总体分布未知；三是数据具有指数发展的趋势。读者在使用 GM（1，1）方法时需要交代使用此方法的理由。

二、理论分析

（一）累加生成数（AGO）和累减生成数（1-AGO）

1. 累加生成数1-AGO指一次累加生成，设原始序列为

$$X^{(0)} = \left\{ x^{(0)}(1),\ x^{(0)}(2), \cdots,\ x^{(0)}(n) \right\}$$

则一次累加生成序列为

$$X^{(1)} = \left\{ x^{(1)}(1),\ x^{(1)}(2), \cdots,\ x^{(1)}(n) \right\}$$

其中

$$x^{(1)}(k) = \sum_{i=0}^{k} x^{(0)}(i)$$

2. 累减生成数1-AGO是累加生成的逆运算，设原始序列为

$$X^{(1)} = \left\{ x^{(1)}(1),\ x^{(1)}(2), \cdots,\ x^{(1)}(n) \right\}$$

则一次累减生成序列为

$$X^{(0)} = \left\{ x^{(0)}(1),\ x^{(0)}(2), \cdots,\ x^{(0)}(n) \right\}$$

其中

$$x^{(0)}(k) = x^{(1)}(k) - x^{(1)}(k-1)$$

规定$x^{(1)}(0) = 0$。

（二）GM(1,1)模型

令$Z^{(1)}$为$X^{(1)}$的紧邻均值（MEAN）生成序列：

$$Z^{(1)}(k) = \frac{x^{(1)}(k) + x^{(1)}(k-1)}{2}$$

则可以建立GM（1，1）的微分方程模型为

$$x^{(0)}(k) + az^{(1)}(k) = b$$

其中$x^{(0)}(k)$称为灰导数，a称为发展系数，$z^{(1)}(k)$称为白化背景值，b称为灰作用量，记$\hat{\boldsymbol{\alpha}} = (a,\ b)^{\mathrm{T}}$，那么灰微分方程的最小二乘估计参数满足下式：

$$\hat{\alpha} = \left(B^{\mathrm{T}} B \right)^{-1} B^{\mathrm{T}} Y_n$$

其中

$$B = \begin{pmatrix} -z^{(1)}(2) & 1 \\ -z^{(1)}(3) & 1 \\ \vdots & \vdots \\ -z^{(1)}(n) & 1 \end{pmatrix}$$

$$Y_n = \begin{pmatrix} x^{(0)}(2) \\ x^{(0)}(3) \\ \vdots \\ x^{(0)}(n) \end{pmatrix}$$

称 $\dfrac{dx^{(1)}}{dt} + ax^{(1)} = b$ 为灰微分方程 $x^{(0)}(k) + az^{(1)}(k) = b$ 的白化方程，也叫影子方程。称 Y 为数据向量，B 为数据矩阵，$\hat{a}$ 为参数向量，则白化方程 $\dfrac{dx^{(1)}}{dt} + ax^{(1)} = b$ 的解也称为时间响应函数：

$$\hat{x}^{(1)}(t) = \left[x^{(1)}(0) - \frac{b}{a} \right] e^{-at} + \frac{b}{a}$$

GM（1，1）灰色微分方程 $x^{(0)}(k) + az^{(1)}(k) = b$ 的时间响应序列为

$$\hat{x}^{(1)}(k+1) = \left[x^{(1)}(0) - \frac{b}{a} \right] e^{-at} + \frac{b}{a} \quad (k = 1, 2, \cdots, n)$$

取 $x^{(1)}(0) = x^{(0)}(1)$，则

$$\hat{x}^{(1)}(k+1) = \left[x^{(0)}(1) - \frac{b}{a} \right] e^{-at} + \frac{b}{a} \quad (k = 1, 2, \cdots, n)$$

将值还原得到预测方程：

$$\hat{x}^{(0)}(k+1) = \hat{x}^{(1)}(k+1) - \hat{x}^{(1)}(k)$$

（三）GM（1，1）模型的检验

GM（1，1）模型的检验分为三个部分：残差检验、关联度检验以及后验差检验，这里对残差检验和后验差检验进行介绍。

1. 残差检验

残差：

$$\varepsilon = \left| \hat{X} - X^{(0)} \right|$$

相对误差：

$$\xi = \frac{\varepsilon}{X^{(0)}}$$

2. 后验差检验

$$C = \frac{S_1}{S_2}$$

其中 S_1，S_2 分别为残差序列均方差和原序列均方差，且

$$S_1 = \frac{\sqrt{\sum \left(\varepsilon_i - \bar{\varepsilon} \right)}}{n-1}$$

$$\bar{\varepsilon} = \frac{\varepsilon_i}{n}$$

$$S_2 = \frac{\sqrt{\sum\left[X^{(0)}(k) - \bar{X}^{(0)}\right]^2}}{n-1}$$

$$\bar{X}^{(0)} = \frac{\sum X^{(0)}(k)}{n}$$

通过查后验差检验判别参照表（表7-1），可以判断模型的精度。

表7-1 后验差检验判别参照表

C	模型精度
< 0.35	优
< 0.50	合格
< 0.65	勉强合格
> 0.65	不及格

三、实际应用

由2011 ～ 2021年某地蔬菜产量，建立模型预测该地2022年蔬菜产量，并对预测结果做检验。

解：根据已知序列$x^{(0)}(k)$，对$x^{(0)}(k)$生成1-AGO序列$x^{(1)}(k)$以及Y_n（表7-2），其中$X^{(1)} = AGO\left(X^{(0)}\right)$，即

$$x^{(1)}(k) = \sum_{i=0}^{k} x^{(0)}(i)$$

$$Y_n = \left(x^{(0)}(2), \ x^{(0)}(3), \cdots, \ x^{(0)}(12)\right)^{\mathrm{T}}$$

表7-2 原序列$x^{(0)}(k)$,1-AGO序列$x^{(1)}(k)$以及Y_n

k	1	2	3	...	10	11	12
$X^{(0)}$	19 519	19 578	19 637	...	40 514	42 400	48 337
$X^{(1)}$	19 519	39 097	58 734	...	264 605	307 005	355 342
Y_n	—	19 578	19 637	...	40 514	42 400	48 377

最小二乘估计：

$$B=\begin{pmatrix}-z^{(1)}(2)&1\\-z^{(1)}(3)&1\\-z^{(1)}(4)&1\\-z^{(1)}(5)&1\\-z^{(1)}(6)&1\\-z^{(1)}(7)&1\\-z^{(1)}(8)&1\\-z^{(1)}(9)&1\\-z^{(1)}(10)&1\\-z^{(1)}(11)&1\\-z^{(1)}(12)&1\end{pmatrix}=\begin{pmatrix}-0.5\left[x^{(1)}(1)+z^{(1)}(2)\right]&1\\-0.5\left[x^{(1)}(2)+z^{(1)}(3)\right]&1\\-0.5\left[x^{(1)}(3)+z^{(1)}(4)\right]&1\\-0.5\left[x^{(1)}(4)+z^{(1)}(5)\right]&1\\-0.5\left[x^{(1)}(5)+z^{(1)}(6)\right]&1\\-0.5\left[x^{(1)}(6)+z^{(1)}(7)\right]&1\\-0.5\left[x^{(1)}(7)+z^{(1)}(8)\right]&1\\-0.5\left[x^{(1)}(8)+z^{(1)}(9)\right]&1\\-0.5\left[x^{(1)}(9)+z^{(1)}(10)\right]&1\\-0.5\left[x^{(1)}(10)+z^{(1)}(11)\right]&1\\-0.5\left[x^{(1)}(11)+z^{(1)}(12)\right]&1\end{pmatrix}=\begin{pmatrix}-29\ 308.0&1\\-48\ 915.5&1\\-68\ 581.5&1\\-86\ 730.0&1\\-107\ 892.5&1\\-135\ 943.5&1\\-168\ 369.5&1\\-204\ 848.5&1\\-244\ 348.0&1\\-331\ 173.5&1\\-523\ 6.211&1\end{pmatrix}$$

将 B，Y_n 点带入算式，得

$$\hat{\alpha}=\begin{pmatrix}a\\b\end{pmatrix}\left(B^{\mathrm{T}}B\right)^{-1}B^{\mathrm{T}}Y_n=\begin{pmatrix}-0.106\ 250\ 5\\13\ 999.9\end{pmatrix}$$

GM（1，1）模型为

灰微分方程：

$$X^{(0)}(t)-0.106\ 210\ 5z^{(1)}(t)=13\ 999.9$$

白化方程：

$$\frac{\mathrm{d}x^{(1)}}{\mathrm{d}t}-0.106\ 210\ 5z^{(1)}(t)=b$$

白化方程的时间响应式：

$$\hat{x}^{(1)}(t+1)=\left[x^{(0)}(1)-\frac{b}{a}\right]\mathrm{e}^{-at}+\frac{b}{a}=151\ 332.5\mathrm{e}^{0.1062105t}-131\ 813.5$$

得到还原方程为

$$\hat{x}^{(1)}(t+1)=15\ 248.968\mathrm{e}^{0.106\ 210\ 5t}$$

灰色预测是一个离散的累加求导的过程，优势在于可以对短期的趋势做一个判断，能够利用较少的数据建模寻求现实规律的良好特性，克服了数据不足或系统周期短的矛盾。可是，这样带来一些问题，预测出来的目标值短期尚可用，但是长期预测比较难。

第二节　信息时间传递模型

一、方法使用的背景

信息时间传递模型也称时间序列分析模型，是一种定量分析方法，它是在时间序列变量分析的基础上，运用一定的数学方法建立预测模型，使时间趋势向外延伸，从而预测未来事物的发展变化趋势，确定变量预测值。这种建模方法适用于大样本的随机因素或周期特征的未来预测。

这种建模方法依据变量自身的变化规律，利用外推机制描述时间序列的变化，明确考虑时间序列的非平稳性。如果时间序列非平稳，建立模型之前应先通过差分把它变换成平稳的时间序列，再考虑建模问题。

二、数学理论介绍

（一）平稳随机序列定义与检验

平稳随机序列是时间信息传递模型中一类重要而特殊的随机序列，时间信息传递模型分析的主要内容是关于平稳随机序列的统计分析，平稳随机序列分为严平稳和宽平稳。

1. 宽平稳随机序列定义

宽平稳：若随机过程$\{X_t, \ t \in T\}$的均值（一阶矩）和协方差存在，且满足

①$E[X_t] = a$为常数，$\forall t \in T$；

②$E[X_{t+k} - a][X_t - a] = \gamma(k)$为有限数，$\forall t, t+k \in T$。

则称$\{X_t, \ t \in T\}$为宽平稳随机过程，通常说的平稳是指宽平稳。

2. 平稳性检验

（1）平稳序列的样本统计量

①样本均值。

时间序列无法获得多重实现，多数时间序列仅包含一次实现，对于一个平稳序列用时间均值代替总体均值，即

$$\bar{X} = \frac{1}{n}\sum_{t=1}^{n} X_t$$

式是无偏估计的。

②样本自协方差函数。

$$\hat{\gamma}_k = \frac{1}{n}\sum_{t=1}^{n-k}\left(X_i - \bar{X}\right)\left(X_{t+k} - \bar{X}\right)$$

式是有偏估计的。

$$\hat{\gamma}_k = \frac{1}{n-k}\sum_{t=1}^{n-k}\left(X_t - \bar{X}\right)\left(X_{t+k} - \bar{X}\right)$$

式是无偏估计的。

（2）时序图检验

根据平稳时间序列均值、方差为常数的性质，平稳序列的时序图应该显示出该序列始终在一个常数值附近随机波动，而且波动的范围有界、无明显趋势及周期特征。

（3）自相关图检验

平稳序列通常具有短期相关性，该性质用自相关系数来描述就是随着延迟期数的增加，平稳序列的自相关系数会很快地衰减向0，即样本自相关系数 $\hat{\rho}_k = \dfrac{\hat{\gamma}_k}{\sqrt{DX_t}\sqrt{DX_{1-k}}}$ 具有短期相关性。

3. 非平稳序列的平稳性处理

差分运算的实质是用自回归的方式提取确定性信息：

$$\nabla^d x_t = (1-B)^d x_t = \sum_{i=0}^{d}(-1)^i C_d^i x_{t-i}$$

其中 B 是延迟算子，即

$$B^p x_t = x_{t-p}$$

差分方式的选择：

①序列蕴含着显著的线性趋势，一阶差分就可以实现趋势平稳。

②序列蕴含着曲线趋势，通常低阶（二阶或三阶）差分就可以提取出曲线趋势的影响。

③对于蕴含着固定周期的序列进行步长为周期长度的步差分运算，通常可以较好地提取周期信息。

（二）白噪声序列的定义检验

1. 纯随机序列的定义

纯随机序列也称为白噪声序列，它满足如下两条性质：

①

$$EX_t = \mu, \ \forall t \in T$$

②

$$\gamma(t,s) = \begin{cases} \sigma^2, & t = s, \\ 0, & t \neq s, \end{cases} \quad \forall t, \ s \in T$$

2. 纯随机序列的性质

纯随机序列也称为白噪声序列，它满足如下两条性质：

（1）纯随机性

各序列值之间没有任何相关关系，为"没有记忆"的序列，即

$$\gamma(k) = 0, \quad \forall k \neq 0$$

（2）方差齐性

序列中每个变量的方差都相等，即

$$DX_t = \gamma(0) = \sigma^2$$

根据马尔可夫定理，只有方差齐性假定成立时，用最小二乘法得到的未知参数估计值才是准确的、有效的。

3. 纯随机性检验

（1）检验原理

Barlett 定理：如果一个时间序列是纯随机的，得到一个观察期数为 n 的观察序列，那么该序列的延迟非零期的样本自相关系数将近似服从均值为0、方差为序列观察期数倒数的正态分布：

$$\hat{\rho}_k \dot{\sim} N\left(0, \frac{1}{n}\right), \quad \forall k \neq 0$$

（2）假设条件

原假设：延迟期数小于或等于 m 期的序列值之间相互独立，即

$$H_0 : \rho_1 = \rho_2 = \cdots = \rho_m = 0, \quad \forall m \geqslant 1$$

备择假设：延迟期数小于或等于 m 期的序列值之间有相关性，即

$$H_1 : \text{至少存在某个 } \rho_k \neq 0, \ \forall m \geqslant 1, \ k \leqslant m$$

（3）检验统计量

Q 统计量

$$Q = n\sum_{k=1}^{m} \hat{\rho}_k^2 \sim \chi^2(m)$$

LB 统计量

$$LB = n(n+2)\sum_{k=1}^{m}\left(\frac{\hat{\rho}_k^2}{n-k}\right) \sim \chi^2(m)$$

（4）判别原则

当检验统计量 $\geqslant = \chi_{1-a}^2(m)$ 分位点，或该统计量的 p 值小于 α 时，则可以以 $1-\alpha$ 的置信水平拒绝原假设，认为该序列为非白噪声序列。

当检验统计量小于 $\chi^2_{1-a}(m)$ 分位点，或该统计量的 p 值大于 α 时，则认为在 $1-\alpha$ 的置信水平下无法拒绝原假设，即不能显著拒绝序列为纯随机序列的假定。

（三）信息时间传递模型介绍

经过前面的介绍，我们得到的序列都是平稳的（这里的平稳是指宽平稳，其特性是序列的统计特性不随时间的平移而变化，即均值和协方差不随时间的平移而变化），我们对平稳的序列建立信息时间传递模型。

1. 一般自回归模型 AR（p）

假设时间序列 X_t 仅与 X_{t-1}，X_{t-2}，…，X_{t-p} 有线性关系，而在 X_{t-1}，X_{t-2}，…，X_{t-p} 已知条件下，X_t 与 $X_{t-j}(j = p+1,\ p+2,\cdots)$ 无关，ε_t 是一个独立于 X_{t-1}，X_{t-2}，…，X_{t-p} 的白噪声序列，$\varepsilon_t \sim N\left(0,\ \sigma^2\right)$。

$$X_t = \varphi_1 X_{t-1} + \varphi_2 X_{t-2} + \cdots + \varphi_p X_{t-p} + \varepsilon_t$$

还可以表示为

$$\varepsilon_t = X_t - \varphi_1 X_{t-1} - \varphi_2 X_{t-2} - \cdots - \varphi_p X_{t-p}$$

可见，AR(p) 系统的响应 X_t 具有 n 阶动态性，AR(p) 模型通过把 X_t 中的依赖于 X_{t-1}，X_{t-2}，…，X_{t-p} 的部分消除掉之后，使得具有 p 阶动态性的序列 X_t 转化为独立的序列 ε_t，因此，拟合 AR(p) 模型的过程也就是使相关序列独立化的过程。

2. 移动平均模型 MA（q）

AR（p）系统的特征是系统在 t 时刻的响应 X_t 仅与其以前时刻的响应 X_{t-1}，X_{t-2}，…，X_{t-p} 有关，而与其以前时刻进入系统的扰动无关。如果一个系统在 t 时刻的响应 X_t，与其以前时刻 $t-1$，$t-2$，… 的响应 X_{t-1}，X_{t-2}，… 无关，而与其以前时刻 $t-1$，$t-2$，… $t-q$ 进入系统的扰动 ε_{t-1}，ε_{t-2}，…，$\varepsilon_t - \eta$ 存在着一定的相关关系，那么，这一类系统为 MA（q）系统。

$$X_t = \varepsilon_t - \theta_1 \varepsilon_{t-1} - \theta_2 \varepsilon_{t-2} - \cdots - \theta_u \varepsilon_{t-q}$$

3. 自回归移动平均模型（ARMA）

一个系统，如果它在时刻 t 的响应 X_t 不仅与其以前时刻的自身值有关，而且还与其以前时刻进入系统的扰动存在一定的依存关系，那么，这个系统就是自回归移动平均系统。

ARMA(p,q)模型为

$$X_t - \varphi_1 X_{t-1} - \cdots - \varphi_p X_{t-p} = \varepsilon_t - \theta_1 \varepsilon_{t-1} - \cdots - \theta_q \varepsilon_{t-q}$$

对于平稳系统来说，由于 AR、MA、ARMA(p,q) 模型都是 ARMA(p,q) 模型的特例，我们以 ARMA(p,q) 模型为一般形式来建立时序模型。

4. ARIMA 模型

ARIMA 模型应用于 d 阶差分平稳序列拟合。

具体如下结构的模型称为 ARIMA(p, d, q) 模型：

$$\begin{cases} \Phi(B)\nabla^d x_t = \Theta(B)\varepsilon_t \\ E(\varepsilon_t)=0, \mathrm{Var}(\varepsilon_t)=\sigma_t^2, \ E(\varepsilon_t\varepsilon_s)=0, \ s\neq t \\ Ex, \ \varepsilon_t=0, \ \forall s<t \end{cases}$$

其中 $\nabla^d x_t$ 为们的 d 阶差分，即 $(1-B)^d x_t$

$$\Phi(B) = 1 - \varphi_1 B - \cdots - \varphi_p B^p$$
$$\Theta(B) = 1 - \theta_1 B - \cdots - \theta_q B^q$$

Var 为方差。

5. 疏系数模型

ARIMA(p, d, q) 模型是指 d 阶差分后自相关最高阶数为 p，移动平均最高阶数为 q 的模型，通常它包含 $p+q$ 个独立的未知系数：$\varphi_1, \varphi_2, \cdots, \varphi_p, \theta_1, \theta_2, \cdots, \theta_q$。

如果该模型中有部分自相关系数 $\theta_k(1\leqslant k<q)$ 或部分移动平滑系数 $\varphi_j(1\leqslant j<p)$，即原模型中有部分系数省缺了，那么该模型称为疏系数模型。

如果只是自相关部分有省缺系数，那么该疏系数模型可以简记

$$\mathrm{ARIMA}\left((p_1, p_2, \cdots, p_m), d, q\right)$$

其中，$p_1, p_2, \cdots, p_m$ 为非零自相关系数的阶数。

如果只是移动平滑部分有省缺系数，那么该疏系数模型可以简记为

$$\mathrm{ARIMA}\left(p, d, (q_1, q_2, \cdots, q_n)\right)$$

其中，$q_1, q_2, \cdots, q_n$ 为非零移动平均系数的阶数。

如果自相关和移动平滑部分都有省缺，可以简记为

$$\mathrm{ARIMA}\left((p_1, p_2, \cdots, p_m), d, (q_1, q_2, \cdots, q_n)\right)$$

（四）信息时间传递模型识别

1. 自相关性特征判断法

先介绍一下另外一个自相关系数——偏自相关系数。所谓 k 阶偏自相关系数就是指在给定中间 $k-1$ 个随机变量 $x_{t-1}, x_{t-2}, \cdots, x_t+1$ 的条件下，或者说，在剔除了中间 $k-1$ 个随机变量的干扰之后，对 x_{t-k} 影响的相关度量，用数学语言描述就是

$$\rho_{x_t, x_{t-k}|x_{t-1}, \cdots, x_{t-k+1}} = \frac{E\left[(x_t-\hat{E}x_t)(x_{t-k}-\hat{E}x_{t-k})\right]}{E\left[(x_{t-k}-\hat{E}x_{t-k})^2\right]}$$

滞后 k 偏自相关系数实际上就等于 k 阶自回归模型第 k 个回归系数的值。

$$\begin{cases} \rho_1 = \varphi_{k1}\rho_0 + \varphi_{k2}\rho_1 + \cdots + \varphi_{kk}\rho_{k-1} \\ \rho_2 = \varphi_{k1}\rho_1 + \varphi_{k2}\rho_0 + \cdots + \varphi_{kk}\rho_{k-2} \\ \qquad\qquad\qquad \vdots \\ \rho_k = \varphi_{k1}\rho_{k-1} + \varphi_{k2}\rho_{k-2} + \cdots + \varphi_{kk}\rho_0 \end{cases}$$

$$\varphi_{kk} = \frac{E\left[\left(x_t - \hat{E}x_t\right)\left(x_{t-k} - \hat{E}x_{kt}\right)\right]}{E\left[\left(x_{t-k} - \hat{E}x_{t-k}\right)^2\right]}$$

自相关函数与偏自相关函数是识别 ARMA 模型的最主要工具，主要利用相关分析法确定模型的阶数。若样本自协方差函数 γ_k 在 q 步截尾，则 X_t 是 MA（q）序列；若样本偏自相关函数 φ_{kk} 在 p 步截尾，则 X_t 是 AR（p）序列；若 $\gamma_k\varphi_{kk}$ 都不截尾，而仅是依负指数衰减，这时可初步认为 X_t 是 ARMA 序列，它的阶要由从低阶到高阶逐步增加，再通过检验来确定。

（1）γ_k 的截尾性判断

对于每一个 q，计算 γ_{q+1}，γ_{q+2}，$\cdots$，γ_{q+M}，考察其中满足：

$$|\gamma_k| \leqslant \frac{1}{\sqrt{N}}\sqrt{\gamma_0^2 + 2\sum_{l=1}^{q}\gamma_l^2}$$

或

$$|\gamma_k| \leqslant \frac{2}{\sqrt{N}}\sqrt{\gamma_0^2 + 2\sum_{l=1}^{q}\gamma_l^2}$$

的个数是否为 M 的 68.3% 或 95.5%。

如果当 $1 \leqslant k \leqslant q_0$ 时，γ_k 明显地异于 0，而 $\gamma_{q_0+1} + \gamma_{q_0+2}, \cdots, \gamma_{q_0+M}$ 近似为 0，且满足上述不等式的个数达到了相应的比例，则可近似地认为 γ_k 在 q_0 步截尾。

（2）φ_{kk} 的截尾性判断

做如下假设检验：$M = \sqrt{N}$ $\quad H_0: \varphi_{p+k,p+k} = 0 \quad (k=1,2,\cdots, M)$

H_1：存在某个 k，使 $\varphi_{kk} \neq 0$，且 $p < k < M+p$

$$统计量 \chi^2 = N\sum_{k=p+1}^{p+M}\varphi_{kk}^2 \sim \chi_{M(a)}^2$$

$\chi_M^2(\alpha)$ 表示自由度为 M 的 χ^2 分布的上侧 α 分位数点对于给定的显著性水平 $\alpha > 0.\chi^2 > \chi_M^2(\alpha)$ 则认为样本不是来自 AR(p) 模型；$\chi^2 < \chi_M^2(\alpha)$ 可认为样本来自 AR(p) 模型。

（3）ARMA 模型的统计性质

① AR 模型。

AR 模型自相关系数的性质：

拖尾性：$\rho(k) = \sum_{i=1}^{p} c_i \chi_i^k c_1$，$c_2, \cdots$，$c_p$ 不能恒等于零呈复指数衰减。

AR 模型偏自相关系数的性质：

截尾性：AR（p）模型偏自相关系数 p 阶截尾，即

$$\varphi_{kk} = 0 \quad (k > p)$$

② MA 模型。

常数均值

$$Ex_t = E\left(\mu + \varepsilon_t - \theta_1 \varepsilon_{t-1} - \theta_2 \varepsilon_{t-2} - \cdots - \theta_q \varepsilon_{t-q}\right) = \mu$$

常数方差

$$\text{Var}(x_t) = \text{Var}\left(\mu + \varepsilon_t - \theta_1 \varepsilon_{t-1} - \theta_2 \varepsilon_{t-2} - \cdots - \theta_q \varepsilon_{t-q}\right) = \left(1 + \theta_1^2 + \theta_2^2 + \cdots + \theta_q^2\right) \sigma_r^2$$

偏自相关系数拖尾

$$\varphi_{kk} = \left(-\theta_1 \varepsilon_{t-1} - \cdots - \theta_q \varepsilon_{t-q}\right)\left(-\theta_1 \varepsilon_{t-k-1} - \cdots - \theta_q \varepsilon_{t-k-q+1}\right)$$

θ_1，$\theta_2, \cdots \theta_q$ 不恒为 0 $\Rightarrow \varphi_{kk}$ 不会在有限阶之后恒为 0。

③ ARMA 模型。

均值

$$Ex_1 = \frac{\varphi_0}{1 - \varphi_1 - \varphi_2 - \cdots - \varphi_p}$$

协方差

$$\gamma(k) = \sigma_c^2 \sum_{i=0}^{\infty} G_i G_{i+k}$$

自相关系数

$$\rho(k) = \frac{\gamma(k)}{\gamma(0)} = \frac{\sum_{j=0}^{\infty} G_j G_{j+k}}{\sum_{j=0}^{\infty} G_j^2}$$

2. AIC 定阶准则确定模型的阶数

AIC 定阶准则：S 是模型的未知参数的总数；$\hat{\sigma}^2$ 是用某种方法得到的方差的估计；N 为样本大小，则定义 AIC 准则函数。

$$\text{AIC}(S) = \ln \hat{\sigma}^2 + \frac{2S}{N}$$

用 AIC 定阶准则是指在 p，q 的一定变化范围内，寻求使得 AIC（S）最小的点 $(\hat{p}, \hat{q})$ 作为 (p, q) 的估计。

AR（p）模型：

$$\text{AIC} = \ln \hat{\sigma}^2 + \frac{2p}{N}$$

ARMA (p, q) 模型：

$$\text{AIC} = \ln \hat{\sigma}^2 + \frac{2(p+q)}{N}$$

在应用时我们可以只计算（$p = 0 \sim 5$，$q = 0 \sim 5$）36种情况下 AIC 的大小，若两种判别方法出现矛盾时，以 AIC 准则为准。

（五）信息时间传递模型估计

在阶数给定的情形下模型参数的估计有三种基本方法：矩估计法、逆函数估计法和最小二乘估计法，这里仅介绍最小二乘估计法。

原理：使残差平方和达到最小的那组参数值即为最小二乘估计值。

$$Q(\hat{\beta}) = \min Q(\tilde{\beta}) = \min \sum_{t=1}^{n} \left(x_t - \varphi_1 x_{t-1} - \cdots - \varphi_p x_{t-p} - \theta_1 \varepsilon_{t-1} - \cdots - \theta_q \varepsilon_{t-q} \right)^2$$

实际中最常用的参数估计方法：
①假设条件：

$$x_i = 0 \quad (t > 0)$$

②残差平方和方程：

$$Q(\hat{\beta}) = \sum_{i=1}^{n} \varepsilon_i^2 = \sum_{i=1}^{n} \left(x_t - \sum_{i=1}^{t} \pi_i x_{t-1} \right)^2$$

③解法：迭代法。

（六）信息时间传递模型检验

1. 模型的显著性检验

整个模型对信息的提取是否充分。

2. 参数的显著性检验

模型结构是否最简，目的是为了检验模型的有效性（对信息的提取是否充分），检验对象是残差序列。

（1）判定原则

一个好的拟合模型应该能够提取观察值序列中几乎所有的样本相关信息，即残差序列应该为白噪声序列。

反之，如果残差序列为非白噪声序列，那就意味着残差序列中还残留着相关信息未被提取，这就说明拟合模型不够有效。

（2）参数显著性检验

通过相关分析法和 AIC 准则确定了模型的类型和阶数，用矩估计法确定了模型中的参数，从而建立了一个 ARMA 模型，来拟合真正的随机序列。但这种拟合的优劣程度如何，主要应通过实际应用效果来检验，也可通过数学方法来检验。

下面介绍模型拟合的残量自相关检验，即白噪声检验，对 ARMA 模型，应逐步由 ARMA（1，1），ARMA（2，1），ARMA（1，2），ARMA（2，2），⋯依次求出参数估计。

一般地，对 ARMA 模型

$$u_t = X_t - \sum_{i=1}^{p} \dot{\varphi}_i X_{t-i} + \sum_{j=1}^{q} \theta_j u_{t-i}$$

取初值 u_0，u_{-1}，⋯，u_{1-q}，X_0，X_{-1}，⋯，X_{1-p}，可递推得到残量估计 $\tilde{u}_1$，$\tilde{u}_2$，⋯，$\tilde{u}_N$。现做假设检验：

$H_0 : \hat{u}_1$，$\hat{u}_2$，⋯，$\hat{u}_N$ 是来自白噪声的样本

$$\hat{\gamma}_i^{(\omega)} = \frac{1}{N} \sum_{t=1}^{N-1} \hat{u}_{t+i} \hat{u}_t \quad (j=0,1,2,\cdots,\ k)$$

$$\hat{\rho}_j^{(w)} = \frac{\overline{\gamma}_j^{(n)}}{\dot{\gamma}_0^{(i)}} \quad (j=1,2,\cdots,\ k)$$

$$Q_k = \sum_{j=1}^{k} \left(\sqrt{N}\rho_j^{(w)}\right)^2 = N\sum_{j=1}^{k} \left(\hat{\rho}_j^{(w)}\right)^2 \quad (k \text{取} \frac{N}{10} \text{左右})$$

当 H_0 成立时，Q_k 服从自由度为 k 的 x^2 分布。对给定的显著性水平 α，若 $Q_k > \chi_k^2(\alpha)$，则拒绝 H_0 需重新考虑建模；若 $Q_k < \chi_k^2(\alpha)$，则拟合较好，模型检验通过。

（七）信息时间传递模型预测

线性预测函数：

$$x_t = \sum_{i=0}^{\infty} C_i x_{t-1-i}$$

预测方差最小原则：

$$\text{Var}_{\tilde{x}_{t(l)}}[e_t(l)] = \min\{\text{Var}[e_t(l)]\}$$

第三节 马尔可夫链

一、方法使用的背景

马尔可夫链是一种特殊的随机时间序列，它的特点是：序列将来的状态只与现在的状态有关，而与过去的状态无关，这种特性称为无后效性或马氏性。例如，研究一个商店的累计销售额，如果现在时刻的累计销售额已知，则未来某一时刻的累计销售额与现在时刻以前的任一时刻累计销售额无关，描述这类随机现象的数学模型称为马氏模型。

当序列之间没有信息时间传递即是白噪声序列时，想要知道未来某时刻序列的状态，就可以选用马尔可夫链预测法。它不可能得到未来的预测值，只能得到未来某时刻序列的发展状态以及发生的概率，马尔可夫链是随机过程的重要方法，在金融、图像处理中应用广泛。

二、数学理论介绍

设随机序列 $\{\xi_n, \ n=1,2,\cdots\}$，其状态空间 E 为有限或可列集，对于任意的正整数 m，n，若 i，j，$i_k \in E(k=1,2,\cdots, \ n-1)$，有

$$P\{\xi_{n+m}=j|\ \xi_n=i, \ \xi_{n-1}=i_{n-1}\cdots \ \ \xi_1=i_1\}=|P\{\xi_{n+m}=j \ \ \xi_n=i\}$$

实际上任意正整数 m 使式成立，就可以称随机数列 $\{\xi_n, \ n=1,2,\cdots\}$ 具有马氏性，即 $\{\xi_n, \ n=1,2,\cdots\}$ 是一个马尔可夫链。

如果等式右边的条件概率和 n 无关，即

$$P\{\xi_{n+m}=j|\ \xi_n=i\}=P_{ij}(m)$$

则称 $P_{ij}(m)$ 为系统由状态 i 经过 m 个时间间隔（m 步）转移到状态 j 的转移概率。

对于一个马尔可夫链 $\{\xi_n, \ n=1,2,\cdots\}$，将以 m 步转移概率 $P_{ij}(m)$ 为元素的矩阵，$P(m)=\left[P_{ij}(m)\right]$ 为马尔可夫链的 m 步转移矩阵，即当 $m=1$ 时，P（1）为马尔可夫链的一步转移概率矩阵，即

$$P(1)=\begin{pmatrix} p_{11} & p_{12} & \cdots & p_{1n} \\ p_{21} & p_{22} & \cdots & p_{2n} \\ \vdots & \vdots & & \vdots \\ p_{n1} & p_{n2} & \cdots & p_{nn} \end{pmatrix}$$

它们具有以下性质：

对一切 i，$j \in E, 0 < P_{ij}(m) < 1$；

对一切 i，$j \in E, \sum_{i,j\in E} P_{ij}(m) < 1$。

其中 E 为状态空间。

在实际问题中，首先应该确定马尔可夫链的状态空间以及参数集合，再进一步确定它的转移概率，一般转移概率 $P_{ij}(m)$ 存在极限

$$\lim_{m\to\infty} P_{ij}(m)=\varepsilon_j$$

即

$$P(n) = P^m \rightarrow \begin{pmatrix} \varepsilon_1 & \varepsilon_2 & \cdots & \varepsilon_j & \cdots \\ \varepsilon_1 & \varepsilon_2 & \cdots & \varepsilon_j & \cdots \\ \vdots & \vdots & & \vdots & \\ \varepsilon_1 & \varepsilon_2 & \cdots & \varepsilon_j & \cdots \\ \vdots & \vdots & & \vdots & \end{pmatrix}$$

称此链具有遍历性，若 $\sum \varepsilon_j = 1$，同时称 $\boldsymbol{\varepsilon} = (\varepsilon_1, \varepsilon_2, \cdots)$ 为链的极限分布。

那么对于 $i, j = 1,2,\cdots, N$ 有

$$\varepsilon_j = \sum_{i=1}^{N} \varepsilon_i P_{ij} \quad (j = 1,2,\cdots, N)$$

且

$$\varepsilon_j > 0, \quad \sum_{j=1}^{N} \varepsilon_j = 1$$

由式 $\varepsilon_j = \sum_{i=1}^{N} \varepsilon_i P_{ij}$ $(j = 1,2,\cdots, N)$、$\varepsilon_j > 0$，$\sum_{j=1}^{N} \varepsilon_j = 1$ 可以得到概率分布的极限值 ε_j。

三、实际应用

某计算机机房的一台计算机经常出故障，研究者每隔 15 min 观察一次计算机的运行状态，收集 24 h 的数据（共做 97 次观察），用 1 表示正常状态，用 0 表示不正常状态，得到的数据序列如下：

0 1 1 1 1 1 1 1 1 1 1 1 1 1 1 1 0 1 0 1 0 1 1 1 1 1 1 1 1 1 1 1 1 1 1
1 1 1 0 1 1 1 1 1 1 1 1 1 1 0 1 1 1 0 1 0 1 0 0 1 1 1 1 1 1 1 1 1 0 1 0 1 0
1 0 1 0 1 0 1 1 1 1 1 1 1 1 1 1 1 0 1 1 1 1 0 1 0

请你预测下一次计算机是否会产生故障。

解：第一步，确定变量的状态空间 $E = \{0,1\}$。

第二步，统计状态转移情况：

	0	1
0	1	16
1	16	63

第三步，计算一步转移概率：

$$P_{00} = P\{\xi_{n+1} = 0 | \xi_n = 0\} = \frac{1}{17}$$

$$P_{01} = P\{\xi_{n+1} = 1 | \xi_n = 0\} = \frac{16}{17}$$

$$P_{10} = P\{\xi_{n+1} = 0 | \xi_n = 1\} = \frac{16}{79}$$

$$P_{11} = P\{\xi_{n+1} = 1 \mid \xi_n = 1\} = \frac{63}{79}$$

第四步，预测下次发生计算机的状态。

计算机最后一个状态为 0，则下一个状态为 0 的概率为 1/17，下一个状态为 1 的概率为 16/17。

编写程序如下：

```
clear
clc
a=[0 1 1 1 1 1 1 1 1 1 1 1 1 1 1 1 1 0 1 0 1 0 1 1 1 1 1 1 1 1
1 1 1 1 1 1 1 1 1 0 1 1 1 1 1 1 1 1 0 1 1 1 0 1 0 0 1 1
1 1 1 1 1 1 0 1 0 1 0 1 0 1 0 1 1 1 1 1 1 1 1 1 1 0 1 1 1 1 0
1 0];
for i=0：1
for j=0：1
k=[i,j]；
c（i+1 j+1）=length（strfind（a，k））；% 统计状态转移情况
end
end
cs=sum（c，2）；
for i=1：2
P（if：）=c（i，：）/cs（i）；% 计算一步转移概率
end
P
```

马尔可夫链模型，主要是根据变量现在的情况和变动趋向，预测它在未来可能产生的变动的概率，作为提供某种决策的依据，关键是确定其状态空间，其预测结果比较粗糙，而且还伴随概率。因此，此方法的选择是迫于序列之间无信息传递下的无奈之举。

马尔可夫预测法的基本要求是状态转移概率矩阵，必须有一定的稳定性，因此，必须具有足够多的统计数据，才能保证预测的精度与准确性。换句话说，马尔可夫链预测模型，必须建立在大量的统计数据的基础之上，这一点也是运用马尔可夫预测方法的一个最为基本的条件。

第四节 神经网络预测

一、方法使用的背景

人工神经网络是在现代神经科学的基础上提出和发展起来的，旨在反映人脑结构及功能的一种抽象数学模型。它在模式识别、图像处理、智能控制、组合优化、金融预测与管理、通信、机器人以及专家系统等领域得到广泛的应用。

人工神经网络方法只需要有输入和输出数据多次训练后即可建立输出关于输入的非线性模型，这种方法运用软件操作简单，但要注意，它需要大量数据建立的模型很复杂，没有具体的含义。

二、数学理论介绍

（一）感知器

人体对外界做出反应大致可描述为：①外部刺激被神经末梢接收到，转换为电信号，传导至神经元；②神经中枢由无数神经元构成；③神经中枢接收到各种信号，然后综合处理，做出判断；④人体接受神经中枢指令，做出判断。

在此过程中，人体思考的基础是神经元，人们由此得到启发："人造神经元"组成神经网络，就能进行模拟思考。20世纪60年代，科学家提出了第一代神经网络"感知器"，这就是最早的"人造神经元"模型。

（二）权重与阈值

当然，当你设身处地思考的时候，当然不会如此草率地下决定，因为你知道这三个因素的重要性在你心中是不一样的。例如，对方为你提供食宿费用，刚好你时间充足，即使天气有些糟糕，你可能觉得还是可去的，但是，即使天气良好，对方也给提供食宿费用，但是你刚好那天有工作，抽不出身来，那么你就可能不得不放弃了，以上的因素考虑反映了某些因素是决定性因素。而某些因素是次要因素，因此，给这些因素指定权重，代表它们不同的重要性。

天气：3

时间：6

食宿费用：3

上面表示时间是决定因素，其他是次要因素。假设三种因素都为1，如果天气、时间、食宿费用都满足，那么3+6+3=12；如果天气、时间条件满足，食宿费用不满足，即3+6+0=9。这时还要指定一个阈值，如果加和超过阈值，就输出1，如果低于阈值，就输出0，这里我们假设阈值为6，那么将各因素权重求和，当输出大于6时，即输出为1，代表小明愿意参加；反之，则代表没有意愿参加，阈值的高低反映了意愿的强烈，阈值越高则表示越不想去，阈值越低则代表越想去，用数学表达如下：

$$\text{output} = \begin{cases} 0, & \sum w_j x_j \leqslant \text{threshold}(\text{阈值}) \\ 1, & \sum w_j x_j > \text{threshold}(\text{阈值}) \end{cases}$$

其中 x_1 为各种外部因素，叫为相应权重。

显然，感知器不是人类决策的完整模型，但是，这个例子说明了感知器如何衡量不同类型的证据来做出决定而一个复杂的感知器网络可以做出非常微妙的决定。

（三）决策模型

单个的感知器构成了一个简单的决策模型，真实世界中，实际的决策模型则要复杂得多，是由多个感知器组成的多层网络（图7-1）。

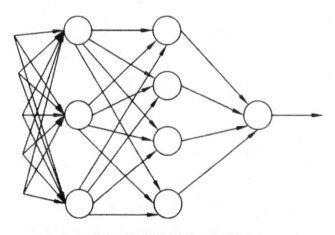

图7-1 多个感知器组成的多层网络

在这个网络中，感知器的第一列，我们称之为感知器的第一层，通过权衡输入证据来做出三个非常简单的决定。第二层感知器呢？每个感知器都通过权衡第一层决策的结果来做出决定，以这种方式，第二层中的感知器可以在比第一层中的感知器更复杂和更抽象的水平上做出决定，更复杂的决定可以由感知器在第三层进行，以这种方式，感知器的多层网络可以进行复杂的决策。

顺便提一下，当我们定义感知器时，我们说感知器只有一个输出。感知器上面的网络看起来像有多个输出。实际上，它们仍然是单一输出，多个输出箭头仅仅是指示感知器的输出被用作几个其他感知器的输入，与绘制单独的输出线然后分开成其他线相比，它显得不那么复杂。

（四）矢量化

为方便讨论，对以上模型进行数学处理。

外部输入因素 x_1，x_2，x_3 写成矢量（x_1，x_2，x_3），简写为 X。

权重 w_1，w_2，w_3 也写成矢量（w_1，w_2，w_3），简写为 W。

定义运算为 $W \cdot X = \sum x_j \cdot w_j$，即 X 和 W 的点运算，等于因素与权重的乘积之和。

定义 b 等于负的阈值，即 $b = -\text{threshold}$，则感知器数学模型变换为

$$\text{Output} = \begin{cases} 0, & w \cdot x + b \leqslant 0 \\ 1, & w \cdot x + b > 0 \end{cases}$$

（五）神经网络的运作过程

1. 前提条件

神经网络的搭建需要三个条件：输入与输出、权重与阈值、多层感知器。这其中，权重与阈值很难确定，前面举的例子都是主观给出的，对于现实问题它们的值却不好确定，那能不能找到一种不用人去设置就能得到合适参数的方法呢，答案是有的，这种方法就是反馈法。

2. 模型训练

其他参数都不变，w（或 b）的微小变动，Δw 记为（或 Δb），然后观察输出有什么变化。

不断重复这个过程，直至得到对应最精确输出的那组 w 和 b，就是我们要的值，这个过程称为模型的训练。

因此神经网络的运作过程可总结如下：①确定输入和输出；②找到一种或多种算法，可以得到输入和输出；③用一组答案已知的数据集进行训练，估算出 w 和 b；④一旦新数据产生，输入模型即可得到结果，同时对 w 和 b 进行校正。

（六）输出的连续性

上述例子有一个明显的缺陷，假设的输出只能是 0 或 1，而模型要求 w 或 b 的微小变化，会引发输出的变化。如果只输出 0 和 1，则该系统太不敏感了，无法保证训练的正确性，因此必须将"输出"改造成一个连续性函数。

下面对这个模型再进行简单的改造。

首先将感知器的输出 $w\cdot x+b$ 记为 z。令

$$z=w\cdot x+b$$

然后计算下面的式子，将结果记为 $f(z)$：

$$f(z)=\frac{1}{1+e^{-z}}$$

这是因为如果 $z\to+\infty$（表示感知器强烈匹配），那么 $f(z)\to1$；如果 $z\to-\infty$（表示感知器强烈不匹配），那么 $f(z)\to0$。也就是说，只要使用 $f(z)$ 当作输出结果，那么输出就会变成一个连续性函数。

实际上还可证明 Δf 满足下面公式：

$$\Delta f\approx\sum_{j}\frac{\partial\,\text{output}}{\partial w_{j}}\Delta w_{j}+\sum_{j}\frac{d\text{output}}{\partial b}\Delta b$$

即 Δf 和 Δw 和 Δb 之间是线性关系，变化率是偏导数，这就有利于精确推算出 w 和 b 的值了。

三、实际应用

现有国内15名男子跳高运动员各项素质指标数据，测试项目分别为跳高、30 m行进跑、立定三级跳远、助跑摸高、助跑 $4\sim6$ 步跳高、负重深蹲杠铃、杠铃半蹲、100 m跑、抓举，共9个项目，请你根据已有数据预测第15名运动员的跳高成绩。

表7-3　15名国内男子跳高运动员各项素质指标

运动员序号	跳高成绩/m	30 m行进跑/s	立定三级跳远/m	助跑摸高/m	助跑4～6步跳高/m	负重深蹲杠铃/kg	杠铃半蹲系数	100 m跑/s	抓举/次
1	2.24	3.2	9.6	3.45	2.15	140	2.8	11	50
2	2.33	3.2	10.3	3.75	2.2	120	3.4	10.9	70
3	2.24	3.2	9	3.5	2.2	140	3.5	11.4	50
4	2.32	3.2	10.3	3.65	2.2	150	2.8	10.8	80
5	2.2	3.2	10.1	3.5	2	80	1.5	11.3	50
6	2.27	3.4	10	3.4	2.15	130	3.2	11.5	60
7	2.2	3.2	9.6	3.55	2.1	130	3.5	11.8	65
8	2.26	3	9	3.5	2.1	100	1.8	11.3	40
9	2.2	3.2	9.6	3.55	2.1	130	3.5	11.8	65
10	2.24	3.2	9.2	3.5	2.1	140	2.5	11	50
11	2.24	3.2	9.5	3.4	2.15	115	2.8	11.9	50
12	2.2	3.9	9	3.1	2.	80	2.2	13	50
13	2.2	3.1	9.5	3.6	2.1	90	2.7	11.1	70
14	2.35	3.2	9.7	3.45	2.15	130	4.6	10.85	70
15		3	9.3	3.3	2.05	100	2.8	11.2	50

（一）分析建模

将该问题视为一个神经网络系统,运动员除了跳高以外的项目数据作为系统的输入,跳高数据作为系统的输出,研究输出与输入的关系。由于网络的输出归一到[-1,1]范围内,所以采用第三种 S 型对数函数作为输出层神经元的激励函数,激励函数为

$$f[u_i] = \frac{1}{1+e^{-u_i}}$$

建立一个 $m \times k \times n$ 的三层 BP 神经网络模型,输入数据为8维的数据,输出为1维的数据,所以输入层有8个节点,输出层有1个节点,即 $m=8$, $n=1$,而隐层的节点数 k,一般按照经验公式

$$l = \sqrt{n+m} + a$$

其中 a 为 [1,10] 之间的常数代入求得神经元个数 l 为 $4 \sim 13$,在本次实验中选择隐层神经元个数 $k=6$。

设置通过反传误差函数,通过不断调节网络权值和阈值使误差函数 E 达到极小,从而得到最准确的网络函数。反传误差函数为

$$E = \frac{\sum_i (T_i - O_i)^2}{2}$$

其中 T_i 为期望输出, O_i 为网络的计算输出。

（二）结果分析

运行上面的程序结果为:15号运动员的跳远成绩为2.199 m,而由于神经网络的初始权值由计算机随机给出,所以程序每次运行的结果都会有一些差异,可以通过多次求解取平均值,获得一个更加接近实际的结果。

神经网络实现了一个从输入到输出的映射功能,而数学理论已经证明了它具有实现任何非线性映射的功能,这使得它特别适合于求解内部机制复杂的问题;能通过学习带正确答案的实例集自动提取"合适的"求解规则,即具有学习能力;具有一定的推广、概括能力。

神经网络与一般的预测方法相比,一般的预测方法容易出现数据过拟合现象,理论上已经证明如果对于已知数据拟合过度,则其预测能力(或称为推广能力)则会降低。另外,由于 BP 神经网络算法本质上为梯度下降法,而它所要优化的目标函数又非常复杂,因此,必然会出现"锯齿形现象",这使得 BP 算法低效;而且从数学角度看,BP 算法为一种局部搜索的优化算法,但它要解决的问题为求解复杂非线性函数的全局极值,因此,算法很有可能陷入局部极值,使训练失败;神经网络的预测能力(也称泛化能力、推广能力)与训练能力(也称逼近能力、学习能力)的矛盾。一般情况下,训练能力差时,预

测能力也差，并且一定程度上，随着训练能力地提高，预测能力也提高，但这种趋势有一个极限，当达到此极限时，随着训练能力的提高，预测能力反而下降，即出现所谓的"过拟合"现象。此时，神经网络学习了过多的样本细节，而不能反映样本的规律。

第八章 综合评价与决策方法及其应用

第一节 模糊综合评价

一、模糊数学的基本概念

与精确计算机不同，人脑能在信息不完整、不精确的情况下做出判断与决策，现实生活中有很多信息是模糊的。例如，你到火车站去接人，若描述此人是"大胡子，高个子，长头发，戴宽边黑色眼镜的中年男人"，除了男人的信息是精确的之外，其他信息全是模糊的，但是你却能够找到这个人，也就是说，信息的模糊不是毫无用处，而是有着积极的特性。

（一）经典集合与特征函数

集合：具有某种特定属性的对象集体，通常用大写字母 A，B，C 等表示。

论域：对局限于一定范围内进行讨论的对象的全体，通常用大写字母 U，V，X，Y 等表示，论域 U 中的每个对象 u 称为 U 的元素。

在论域 U 中任意给定一个元素 u 及任意给定一个经典集合 A，则必有 $u \in A$ 或 $u \notin A$，用函数表示为

$$\chi_A : U \to \{0,1\}, \quad \chi_A(u) = \begin{cases} 1, & u \in A \\ 0, & u \notin A \end{cases}$$

函数称为集合 A 的特征函数。

（二）模糊集合及其运算

美国控制论专家扎德教授正视了经典集合描述的"非此即彼"的清晰现象，提示了现实生活中的绝大多数概念并非都是"非此即彼"那么简单，而概念的差异常以中介过渡的形式出现，表现为"亦此亦彼"的模糊现象。

1. 模糊子集

定义：8.1：设 U 是论域，称映射

$$\mu_A : U \to [0,1] \quad (x \in U, \quad \mu_A(x) \in [0,1])$$

确定了一个 U 上的模糊子集 A。映射 μ_A 称为 A 的隶属函数，$\mu_A(x)$ 称为 x 对 A 的隶属程度，简称隶属度。模糊子集 A 由隶属函数 μ_A 唯一确定，故认为两者是等同的。

例如，有一个模糊集 $A=\{$高个子$\}$，定义隶属函数（具有主观性）$A(x) = \dfrac{x-140}{190-140}$，其中 x 为人的身高，则 $A(140)=0$，$A(160)=0.4$，$A(190)=1$。

因此，可以得知，模糊集并不再回答"是或不是"的问题，而是对每个对象给一个隶属度，所以与经典集有本质区别，而且与隶属函数是捆绑在一起的，可以不做区分。

模糊子集通常简称模糊集，其表示方法有如下几种：

（1）扎德表示法

$$A = \frac{A(x_1)}{x_1} + \frac{A(x_2)}{x_2} + \cdots + \frac{A(x_n)}{x_n}$$

其中 $\dfrac{A(x_i)}{x_i}$ 表示 x_i 对模糊集 A 的隶属度是 $A(x_i)$。

（2）序偶表示法

$$A = \left\{\left(x_1, \ A(x_1)\right), \left(x_2, \ A(x_2)\right), \cdots, \left(x_n, \ A(x_n)\right)\right\}$$

（3）向量表示法

$$A = \left(A(x_1), \ A(x_2), \cdots, \ A(x_n)\right)$$

若论域 U 为无限集，其上的模糊集表示为

$$A = \int_{x \in U} \frac{A(x)}{x}$$

2. 模糊集的运算

定义8.2：设 A，B 是论域 U 的两个模糊子集，定义

①相等：$A = B \Leftrightarrow A(x) = B(x)$，$\forall x \in U$；

②包含：$A \subset B \Leftrightarrow A(x) \leqslant B(x)$，$\forall x \in U$；

③并：$(A \cup B)(x) = A(x) \vee B(x)$，$\forall x \in U$；

④交：$(A \cap B)(x) = A(x) \wedge B(x)$，$\forall x \in U$；

⑤余：$A^c(x) = 1 - A(x)$，$\forall x \in U$。

$\vee$ 表示取大，$\wedge$ 表示取小。

几个常用的算子：

$a \vee b = \max\{a, \ b\}$，$a \wedge b = \min\{a, \ b\}$（扎德算子）

$a \cdot b = ab$（乘积算子）

$a \,\hat{+}\, b = a + b - ab$（环和）

$a \oplus b = 1 \wedge (a + b)$（有界和）

3. 模糊矩阵

定义8.3：设 $R = \left(r_{ij}\right)_{m \times n} \left(0 \leqslant r_{ij} \leqslant 1\right)$，称 R 为模糊矩阵，当 r_{ij} 取0或1时，称 R 为布尔（Boole）矩阵；当模糊方阵 $R = \left(r_{ij}\right)_{n \times n}$ 的对角线上的元素 r_{ij} 都为1时，称 R 为模糊自反矩阵。

（1）模糊矩阵间的关系及运算

定义8.4：设 $A = \left(a_{ij}\right)_{m \times n}, B = \left(b_{ij}\right)_{m \times n}$ 都是模糊矩阵，定义

①相等：$A = B \Leftrightarrow a_{ij} = b_{ij}$；

②包含：$A \leqslant B \Leftrightarrow a_{ij} \leqslant b_{ij}$；

③并：$A \cup B = \left(a_{ij} \vee b_{ij}\right)_{m \times n}$；

④交：$A \cap B = \left(a_{ij} \wedge b_{ij}\right)_{m \times n}$；

⑤余：$A^c = \left(1 - a_{ij}\right)_{m \times n}$。

（2）模糊矩阵的合成

定义8.5：设 $A = \left(a_{ij}\right)_{m \times s}$，$B = \left(b_{ij}\right)_{s \times n}$，称模糊矩阵 $A \circ B = \left(c_{ij}\right)_{m \times n}$ 为 A 与 B 的合成，其中 $c_{ij} = \max \left\{\left(a_{ik} \wedge b_{kj}\right) 1 \leqslant k \leqslant s\right\}$。

（3）模糊矩阵的转置

定义8.6：设 $A = \left(a_{ij}\right)_{m \times n}$，称 $A^T = \left(a_{ij}^T\right)_{m \times n}$ 为 A 的转置矩阵，其中 $a_{ij}^T = a_{ij}$。

（4）模糊矩阵的 $\lambda -$ 截矩阵

定义8.7：设 $A = \left(a_{ij}\right)_{m \times n}$，$\forall \lambda \in [0, 1]$，称 $A_\lambda = \left(a_{ij}^{(\lambda)}\right)_{m \times n}$ 为模糊矩阵 A 的 $\lambda -$ 截矩阵，其中 $a_{ij}^{(\lambda)} = \begin{cases} 1, & a_{ij} \geqslant \lambda \\ 0, & a_{ij} < \lambda \end{cases}$。

（三）隶属函数的确定

1. 模糊统计法

（1）模糊统计试验的四个要素

①论域 U。

② U 中的一个固定元素 u_0。

③ U 中的一个随机运动集合 A^*。

④ U 中的一个以 A^* 作为弹性边界的模糊子集 A，制约着 A^* 的运动，A^* 可以覆盖 u_0，也可以不覆盖 u_0，致使 u_0 对 A 的隶属关系是不确定的。

特点：在各次试验中，u_0 是固定的，而 A^* 在随机变动。

（2）模糊统计试验过程

做 n 次试验，计算出 u_0 对 A 的隶频率为 $\dfrac{u_0 \in A^* \text{ 的次数}}{n}$；

随着 n 的增大，频率呈现稳定，此稳定值即为 u_0 对 A 的隶属度：

$$A(u_0) = \lim_{n \to \infty} \frac{u_0 \in A^* \text{ 的次数}}{n}$$

2. 指派方法

这是一种主观的方法，但也是用得最普遍的一种方法，它是根据问题的性质套用现成的某些形式的模糊分布，然后根据测量数据确定分布中所含的参数。

其他方法还有德尔菲（Delphi）法、专家评分法、二元对比排序法等。

二、方法使用的背景

模糊综合评价法是一种用模糊数学知识进行模糊决策的方法。它运用了模糊关系集的原理，对评判对象给出比较全面且量化的隶属度，据此建立模糊综合评价矩阵，从而进行综合性评判。模糊综合评价法可以根据评价具体指标情况，赋予每一个评价对象一个非负的评价分值，据此对评价对象进行排序。

当评价指标中有人为通过经验赋予数值的变量，如评判人是否优秀、食品是否安全等，则可考虑用模糊综合评价。

模糊综合评价将人的主观经验判断和数学理论的严谨推理有效结合，适合于社会调研、市场咨询、教育改革等领域的研究工作。

三、数学理论介绍

（一）相关定义介绍

定义 8.8：设与被评价事物相关的因素有 n 个，记为 $U = \{u_1, u_2, \cdots, u_n\}$，称之为因素集。

又设所有可能出现的评语有 m 个，记为 $V = \{v_1, v_2, \cdots, v_m\}$，称之为评语集。

由于各种因素的作用和影响力都不尽相同，因此考虑用权重 $A = \{a_1, a_2, \cdots, a_n\}$ 来衡量。

（二）进行一级模糊综合评价的一般步骤

①确定因素集 $U = \{u_1, u_2, \cdots, u_n\}$；

②确定评语集 $V = \{v_1, v_2, \cdots, v_m\}$；

③进行单因素评价得到 $r_i = \{r_{i1}, r_{i2}, \cdots, r_{im}\}$；

④构造综合评价矩阵 $R = \begin{pmatrix} r_{11} & r_{12} & \cdots & r_{1m} \\ r_{21} & r_{22} & \cdots & r_{2m} \\ \vdots & \vdots & & \vdots \\ r_{n1} & r_{n2} & \cdots & r_{nn} \end{pmatrix}$

⑤综合评价，对于权重 $A = \{a_1,\ a_2, \cdots,\ a_n\}$，计算 $B = A \circ R$，并根据隶属度最大原则做出评价。

（三）进行多级模糊综合评价的一般步骤（以二级为例）

第一步：将因素集 $U = \{u_1,\ u_2, \cdots,\ u_n\}$ 划分成若干组，得到 $U = \{U_1,\ U_2, \cdots,\ U_k\}$，其中 $U = \bigcup\limits_{i=1}^{k} U_i,\ U_i \cap U_j = \varnothing (i \neq j)$，称 $U = \{U_1,\ U_2, \cdots,\ U_k\}$ 为第一级因素集。

第二步：设评语集 $V = \{v_1,\ v_2, \cdots,\ v_m\}$，先对第二级因素集 $U_1 = \{u_1^{(i)},\ u_2^{(i)}, \cdots,\ u_{n_i}^{(i)}\}$ 的 n_i 个因素进行单因素评判，得到单因素评判矩阵：

$$R_i = \begin{pmatrix} r_{11}^{(i)} & r_{12}^{(i)} & \cdots & r_{1m}^{(i)} \\ r_{21}^{(i)} & r_{22}^{(i)} & \cdots & r_{2m}^{(i)} \\ \vdots & \vdots & & \vdots \\ r_{n_i+1}^{(i)} & r_{n_i,2}^{(i)} & \cdots & r_{n_i m}^{(i)} \end{pmatrix}$$

设 $U_i = \{u_1^{(i)},\ u_2^{(i)}, \cdots,\ u_{n_i}^{(i)}\}$ 的权重为 $A_i = \{a_1^{(i)},\ a_2^{(i)}, \cdots,\ a_{n_i}^{(i)}\}$，求得综合评价为

$$B_i = A_i \circ R_i \quad (i = 1, 2, \cdots,\ k)$$

第三步：再对第一级因素集 $U = \{U_1,\ U_2, \cdots,\ U_k\}$ 做综合评价，设其权重为 $A = \{a_1,\ a_2, \cdots,\ a_k\}$，则总评判矩阵为

$$R = \begin{pmatrix} B_1 \\ B_2 \\ \vdots \\ B_k \end{pmatrix}$$

从而得综合评价为 $B = A \circ R$，按最大隶属度原则即得相应评语。

四、实际应用

了解眼科病床使用的综合评价。

（一）评价指标体系的建立

在深入分析该眼科医院病床实际安排情况的基础上，考虑以下几个指标组成评价病床安排的指标体系：①病床使用率，即一定时期内被使用的病床数与总病床数之比；②病床返还率，即一定时期内病人返还病床数与总病床数之比；③平均等待入院时间，即

病人在医院就诊到被安排入院之间的时间间隔；④等待队长，即排队入院的人数。

以上4个指标中，病床使用率和病床返还率是反映医院病床利用率的指标，而平均等待入院时间和等待队长是反映病人满意度的指标。

（二）模糊综合评价模型的建立与求解

首先，根据医院病床安排问题的实际情况，确定出影响医院病床安排模型优劣主要有病床使用率、病床返还率、平均等待入院时间以及等待入院队长4个主要因素。因而，可以确定相应的模糊综合评价因素集：

$U = \{$ 病床使用率，病床返还率，平均等待入院时间，等待入院队长 $\} = \{u_1, u_2, u_3, u_4\}$

其次，针对问题的4个因素，都可以给出由很好、好、一般、差这4个元素组成的评语集：

$V = \{$ 很好，好，一般，差 $\} = \{v_1, v_2, v_3, v_4\} = \{4,3,2,1\}$

立足于医院病床安排问题的实际情况，对于因素集中的每一个因素，我们可以确定出相应评语集中每一个因素的具体量化指标范围。例如，对于因素集中的第一个因素，当病床使用率超过90%时，认为对应的评价等级为"很好"；当病床使用率介于85%和90%之间时，认为对应的评价等级为"好"；介于80%和85%之间，认为一般；而当病床使用率小于80%时，认为对应的等级为"差"。以此类推，可以得到评判因素集中每一个因素的评语集，具体如表8-1所示。

表8-1　各个因素的评语集

评价因素	评价等级			
	好	较好	一般	差
病床使用率	≥90%	85%～90%	80%～85%	≤80%
病床返还率	≥90%	80%～90%	60%～80%	≤60%
平均等待入院时间	≤7	7～12	12～14	≥14
等待入院队长	≤30	31～60	60～90	≥90

最后，对已经选取日期为8/13～9/4即第32～54 d的数据，利用上式分别计算其对应的床位使用率、床位返还率、平均等待入院天数以及平均等待队长这4个评语集元素的值。

对题目中的数据进行预处理可以得到每天住院人数、出院人数、门诊病人数、每位患者等待入院天数等数据，因此可以进行如下计算：

$$第 i 天床位使用率 = \frac{第 i 天住院人数}{总床为数}$$

$$第i天床位返还率 = \frac{第i天出院人数}{15}$$

$$第i天平均等待入院人数 = \frac{\sum_{j=1}^{n}(当天第j个患者的入院时间-i)}{第i天总的门诊人数n}$$

以日期为8/29，即第49 d 的数据组为例，有

$$8/29 床位使用率 = \frac{8/29 住院人数}{总床位数} = \frac{77}{79} = 0.974\ 7$$

$$8/29 床位返还率 = \frac{8/29 床位返还系数}{15} = \frac{10}{15} = 0.666\ 7$$

$$8/29 平均等待入院天数 = \frac{\sum_{j=1}^{n}(当天第j个患者入院时间 -49)}{8/29 总的门诊人数n} = \frac{105}{11} = 9.55$$

8/29 的等待队长 =8/29 等待入院人数 =97。

因此，可以得出日期为8/13当天，医院的床位使用率为1，床位返还率为0.4. 平均等待入院时间为7.86天，等待队长为97人。以此类推，可以计算出日期为8/13 ~ 9/4 所对应的4个评判集元素的指标值，具体求解结果如表8-2所示。

表 8-2　日期为 8/13 ～ 9/4 所对应的 4 个评语集元素的指标值

日期	床位使用率	床位返还率	平均等待入院天数	等待队长
8/13	1	0.4	7.86	97
8/14	1	0.6	8.42	91
8/15	1	0.533 3	5	96
8/16	1	0.866 7	8.83	96
8/17	1	0.4	6.4	96
8/18	1	0.266 7	10.67	101
8/19	1	0.466 7	11	108
8/20	1	0.666 7	8.2	101
8/21	1	0.266 7	10.9	85
8/22	1	0.533 3	7.33	84
8/23	1	1.2	12.5	84
8/24	1	0.733 3	13.5	89
8/25	1	0.4	10	96
8/26	1	0.2	10.89	93
8/27	1	0.533 3	10.25	94
8/28	1	0.8	8.46	87
8/29	0.974 7	0.666 7	9.55	89
8/30	0.974 7	0.933 3	8.5	97
8/31	0974 7	0.133 3	9.14	92
9/1	0.911 4	0.4	10.2	86

日期	床位使用率	床位返还率	平均等待入院天数	等待队长
9/2	0.898 7	0.133 3	8	84
9/3	0.848 1	0.133 3	10.5	78
9/4	0.759 5	0.6	9.89	62

(三)隶属度函数的确定

根据医院病床安排的实际情况，可以采用模糊统计方法来确定出因素集中4个元素对应于评语集中4个元素的隶属度函数，模糊统计方法是基于模糊统计实验基础上的隶属度函数确定方法。所谓的模糊统计实验必须包含以下4个要素：①论域U；②U中一个固定的元素x_0；③U中的一个随机变动的集合A^*；④U中的一个以A^*为弹性边界的模糊集A，并对A^*的变动起到制约的作用，其中有$x_0 \in A^*$，或以$x_0 \notin A^*$，使x_0对A的隶属关系是不确定的。

假设做了n次模糊统计试验，可以计算出：

$$x_0 \text{ 对} A \text{的隶属频率} = \frac{x_0 \in A^* \text{ 的次数}}{n}$$

事实上，随着n的不断增大，隶属频率最终趋于稳定，称其频率的稳定值为x_0对A的隶属度，即

$$\mu_A(x_0) = \lim_{n \to \infty} \frac{x_0 \in A^* \text{ 的次数}}{n}$$

例如，在日期为8/13～9/4的数据中，床位使用率≥90%，即对应评判集中"好"的模糊试验数为20，于是

$$\text{病床使用率对"好"的隶属度} = \frac{20}{23} = 0.869\ 6$$

同理，可以得到

$$\text{病床使用率对"较好"的隶属度} = \frac{1}{23} = 0.043\ 5$$

$$\text{病床使用率对"一般"的隶属度} = \frac{1}{23} = 0.043\ 5$$

$$\text{病床使用率对"差"的隶属度} = \frac{1}{23} = 0.043\ 5$$

于是，得到病床使用率对应于评判集"好""较好""一般"和"差"的隶属度分别为0.869 6，0.043 5，0.043 5和0.043 5。

同理，可以求出病床返还率、平均等待时间以及等待入院队长对应的隶属度。具体求解结果如表8-3所示。

表8-3 4个因素对应的隶属度

评价因素	评价等级			
	好	较好	一般	差
病床使用率	0.869 6	0.043 5	0.043 5	0.043 5
病床返还率	0.087 0	0.087 0	0.130 4	0.608 7
平均等待入院时间	0.087 0	0.826 1	0.087 0	0
等待入院队长	0	0	0.434 8	0.565 2

（四）对病床利用率、病人满意度的评价

考虑到评语集4个元素中，病床的使用率和病床的返还率都是集中体现医院病床利用率的指标，因此，将这两个因素组成一个新的因素集（第二级因素集），用以反映医院的病床利用率；而评语集中，平均等待入院时间和等待入院队长都是反映病人满意度的指标，故可以将这2个因素组成另一个因素集（第二级因素集），用来刻画病人的满意度。于是，得到2个新的评语集：

床位利用率＝〔病床使用率，病床返还率〕

病人满意度＝｛平均等待入院时间，等待入院队长｝

对各因素及各类别在评价中的重要性进行权衡，确定权数分配，用模糊矩阵表示：

床位利用率：$w_1 = [0.6, 0.4]$

病人满意度：$w_2 = [0.6, 0.4]$

综合评价得分 = w_3 ×床位利用率 + w_4 ×病人满意度

其中 w_3 和 w_4 为对应的权重。

根据实际情况，取 $w_3 = 0.4$，$w_4 = 0.6$，得到床位利用率、病人满意度以及综合评价指标结果如表8-4所示。

表8-4 床位利用率、病人满意度以及综合评价指标结果

评价因素	评价等级			
	好	较好	一般	差
病床利用率的评价结果	0.556 5	0.060 9	0.078 3	0.269 6
病人满意度评价结果	0.052 2	0.495 7	0.226 1	0.226 1
综合评价结果	0.253 9	0.321 7	0.167 0	0.243 5

从表8-4中，我们可以得出以下结论：

第一，病床利用率的评价结果中，对应于"好"的隶属度为0.556 5，高于其他隶属度值，从医院的角度分析，原有的病床安排模型体现的是较高的病床利用率。

第二，病人满意度的评价结果中，对应于"较好"的隶属度为0.495 7，显然高于其他隶属度值，从病人的角度分析，原有的病床安排模型是比较迎合病人的满意度的，但是模型还可以改进。

第三，结合病床利用率以及病人满意度两方面分析，对应于"较好"的隶属度为0.321 7，明显高于其他的隶属度值。因此，从总体的综合评价可以看出，医院的病床安排模型较好，但仍可进行优化。

综合评价中的核心问题就是要对多属性的复杂系统做出客观、全面以及科学的评价，因此在评价中要综合考察多个相关因素，根据条件运用适当的方法。模糊综合评价法有结果意义清晰明确、系统性较强这些特点，能较好地解决实际中较模糊的且难以量化的问题。

模糊综合评价法的优点：①原理和计算方法较简单；②可以将不完全信息、不确定信息转化为模糊概念，将定性问题定量化，以提高评估的准确性、可信性。

模糊综合评价法的缺点：①容易使评价结果不全面；②当指标数较多时，不一定能有效解决指标间信息重叠，权重确定有较强的主观性。

另外，运用权重将多个因素综合成一个因素有多种方法，有兴趣的读者可参考有关模糊数学的教材。

还有一点需要强调：在综合评价之前需要将所有指标变成同方向的，即全部变成越大越好或全部变成越小越好。

第二节 主成分综合评价

一、方法使用的背景

主成分综合评价，即运用主成分分析的方法进行综合评价。主成分分析是一种通过降维技术把多个变量化为少数几个主成分（即综合变量）的统计分析方法，将提取出的这些综合变量指标进行排序，便得到被评价事物的主成分综合评价结果。一般来说，我们希望这些主成分能够反映原始变量的绝大部分信息（它们通常表示为原始变量的某种线性组合），并具有最大的方差。

一般来讲，评价的各个指标都要有明确的属性，代表着评价的各个方面，即它们之间不能有较强的相关性，否则评价信息就会出现重叠，导致评价不准确，主成分综合评价在处理评价指标高度关联下的评价时有明显的优势。

二、数学理论介绍

构造评价函数：

$$F = \alpha_1 Z_1 + \alpha_2 Z_2 + \cdots + \alpha_m Z_m$$

$$\alpha_i = \frac{\lambda_i}{\sum\limits_i^p \lambda_i} \quad (i = 1, 2, \cdots, m)$$

将每个样本的主成分带入评价函数，得到每个样本的综合得分，依据一定的准则可对样本进行排序。

使用主成分分析法进行综合评价时，用集中了原始变量的大部分信息的少数几个综合指标来代替原始指标，可实现数据降维，可综合主成分得分，综合评价结果比较客观。但是使用本方法时，要求的样本量较大；有时通过主成分因子载荷来观察主成分计算指标的意义比较困难。从而难以对主成分命名，不过，这对综合评价没有什么影响。

第三节　因子分析

一、方法使用的背景

因子分析又称因素分析法，是在心理学的研究中建立和发展起来的，有人甚至称其为心理学对自然科学的唯一贡献。20世纪70年代，探索性的因素分析在方法上已经成熟。不仅用于心理学中智力和性格的研究，而且也用于态度、学习等方面的研究，在一些非心理学领域，如化学、地质学、生物学和人文地理学等的研究中也广泛地使用了因素分析方法，它提供了一种有效的数学模型来解释事物之间的联系。

因子分析也是将具有错综复杂关系的变量综合为数量较少的几个因子，也是多元分析中处理降维的一种统计方法，数学建模中也常用来做数据压缩、系统评估、加权分析等。

二、数学理论介绍

多元统计分析处理的是多变量问题，由于变量较多，增加了分析问题的复杂性，但在实际问题中，变量之间可能存在一定的相关性，因此，多变量中可能存在信息的重叠。人们自然希望通过克服相关性、重叠性，用较少的变量来代替原来较多的变量，而这种代替可以反映原来多个变量的大部分信息，这实际上是一种"降维"的思想。

因子分析就是一种降维、简化数据的技术，它通过研究众多变量之间的内部依赖关系，探求观测数据中的基本结构，并用少数几个"抽象"的变量来表示其基本的数据结构，这几个抽象的变量被称为"因子"，能反映原来众多变量的主要信息。

（一）因子分析的数学模型

设要进行因子分析的原指标有 m 个，记为 x_1，x_2，$\cdots$，x_m，现有 n 个样品，相应的观测值为 $x_{ik}(i=1,2,\cdots,n;\ k=1,2,\cdots,m)$，做标准化变换后，将 x_k 变换为 x_k^*，即

$$x_k^* = \frac{x_k - \bar{x}_k}{s_k}$$

其中 $\bar{x}_k$ 为 x_k 的平均数，s_k 为 x_k 标准差。

因子分析中的公共因子是不可直接观测但又客观存在的共同影响因素，每一个变量都可以表示成公共因子的线性函数和特殊因子之和，即

$$X_i = \mu_i + a_{i1}F_1 + a_{i2}F_2 + \cdots + a_{im}F_m + \varepsilon_i \quad (i=1,2,\cdots,p)$$

其中 F_1，F_2，$\cdots$，F_m 称为公共因子，ε_i 称为 X_i 的特殊因子，该模型可用矩阵表示为

$$X - \mu = AF + \varepsilon$$

其中

$$X = \begin{pmatrix} x_1^* \\ x_2^* \\ \vdots \\ x_3^* \end{pmatrix}, \quad A = \begin{pmatrix} a_{11} & a_{12} & \cdots & a_{1m} \\ a_{21} & a_{22} & \cdots & a_{2m} \\ \vdots & \vdots & & \vdots \\ a_{p1} & a_{p2} & \cdots & a_{pm} \end{pmatrix}$$

$$F = \begin{pmatrix} F_1 \\ F_2 \\ \vdots \\ F_m \end{pmatrix}$$

$$\varepsilon = \begin{pmatrix} \varepsilon_1 \\ \varepsilon_2 \\ \vdots \\ \varepsilon_3 \end{pmatrix}$$

且满足：

① $m \leq p$ ；

② $\text{Cov}(F, \varepsilon) = 0$ ，即公共因子与特殊因子是不相关的；

③ $D_F = D(F) = \begin{pmatrix} 1 & & & \\ & 1 & & \\ & & 0 & \\ 0 & & & 1 \end{pmatrix} = I_m$ ，即各个公共因子不相关且方差为 1 ；

④ $D_t = D(\varepsilon) = \begin{pmatrix} \sigma_1^2 & & & 0 \\ & \sigma_2^2 & & \\ & & \ddots & \\ 0 & & & \sigma_p^2 \end{pmatrix}$ ，即各个特殊因子不相关，方差不要求相等。

模型中的矩阵 A 称为因子载荷矩阵，a_{ij} 称为因子"载荷"，是第 i 个变量在第 j 个因子上的负荷，如果把变量 X_i 看成 m 维空间中的一个点，则 a_{ij} 表示它在坐标轴 F_j 上的投影。

（二）计算步骤

因子分析的计算步骤如下。

第一步：由观测数据计算 $\bar{x}_k, s_k$ 建立基本方程组；

第二步：由相关系数矩阵 R 得到特征值 $j(j = 1,2,\cdots, m)$ 及各个公因子的方差贡献、贡献率和累计贡献率，并根据累计贡献率确定公因子保留的个数 p ；

第三步：用主成分分析法确定因子载荷矩阵 A ；

第四步：方差极大正交旋转，对变量系数机制化（尽量趋于 0 或 1）；

第五步：得到因子得分函数，计算样本因子得分。

第四节 灰色关联

一、方法使用的背景

灰色关联分析是灰色系统理论的一个分支，应用灰色关联分析方法对受多种因素影响的事物和现象从整体观念出发进行综合评价，已经是一种被广为接受的方法。

对于两个系统之间的因素，其随时间或不同对象而变化的关联性大小的量度，称为关联度。在系统发展过程中，根据因素之间发展态势的相似或相异程度来衡量因素间关联的程度，若两个因素具有一致的变化趋势，即同步变化程度较高，说明两者关联程度较高；反之，则说明两者关联度较低。因此，灰色关联分析方法，是根据因素之间发展趋势的相似或相异程度，亦即"灰色关联度"，作为衡量因素间关联程度的一种方法。

二、数学理论介绍

灰色关联分析具体步骤如下所述。

（一）确定参考数列

对一个抽象系统或现象进行分析，首先选准反映系统行为特征的数据序列（参考序列），我们称之为找准系统行为的映射量，用映射量来间接地表征系统行为。

例如，以下映射关系：

国民平均受教育年限—教育发达程度

国家科技投入力度—经济增长速度

确定参考数列（评价标准）后，我们再找到比较对象（评价对象）进行关联分析计算。

设评价对象有 m 个，评价指标有 n 个，参考数列为比较数列为

$$x_j = \left(x_j(1), \ x_j(2),\cdots, \ x_j(k),\cdots, \ x_j(n)\right)$$

（二）原始数据标准化处理

由于各因素有各自的单位，因而原始数据存在量纲和数量级上的差异，不同的量纲和数量级的数据不便于比较，因而在计算关联系数之前我们通常要对原始数据进行无量纲化处理，通常的处理方法有以下几种：

设 $X_i = \left(x_i(1), \ x_i(2),\cdots, \ x_i(k),\cdots, \ x_i(n)\right)$ 为因素 X_i 的行为序列。

1. 初值化

$$X_i' = \frac{X_i}{x_i(1)} = \left(x_i'(1), \ x_i'(2),\cdots, \ x_i'(n)\right) \quad (i=1,2,\cdots, \ m)$$

一般地，初值化方法适用于较稳定的社会经济现象的无量纲化，这样处理会使数列多数呈稳定增长趋势，初值化处理后会使数据的增长趋势更加明显。

2. 均值化

$$X_i' = \frac{x_i(k)}{\overline{X}}$$

$$\overline{X} = \frac{1}{n}\sum_{k=1}^{n} x_i(k)$$

$$(k=1,2,\cdots, \ n)$$

一般来说，均值化的方法比较适合于没有明显升降趋势现象数据的处理。

3. 区间化

$$X_i^{'} = \frac{x_i(k) - \min_k x_i(k)}{\max_k x_i(k) - \min_k x_i(k)}$$

$$(k = 1,2,\cdots,\ n)$$

一般地，三种方法不宜混合、重叠使用，在进行系统因素分析时，可根据实际情况选用其中一个。

若系统因素 X_i 与系统主行为 X_O 呈负相关关系，我们可以将其逆化或取倒数进行计算。

4. 逆化

$$X_i^{''} = 1 - x_i(k) \quad \left(x_i(k) \in [0,1];\ k = 1,2,\cdots,\ n\right)$$

5. 倒数化

$$X_i^{''} = \frac{1}{x_i(k)} \quad \left(x_i(k) \neq 0;\ k = 1,2,\cdots,\ n\right)$$

（三）关联系数的计算

设经过数据处理后的参考数列如下所示：

$$x_j^{'} = \left(x_j^{'}(1),\ x_j^{'}(2),\cdots x_j^{'}(k),\cdots x_j^{'}(n)\right)$$

比较数列如下：

$$x_i^{'} = \left(x_i^{'}(1),\ x_i^{'}(2),\cdots x_i^{'}(k),\cdots x_i^{'}(n)\right) \quad (i = 1,2,\cdots,\ m)$$

则

$$\Delta_i(k) = \left|x_j^{'}(k) - x_i^{'}(k)\right| \quad (k = 1,2,\cdots,\ n)$$

两极最大差和最小差：

$$\Delta(\max) = \max_i \max_k (k)$$

$$\Delta(\min) = \min\min_k \Delta_i(k)$$

得到关联系数：

$$\xi_{ii}(k) = \frac{\Delta(\min) + \rho\Delta(\max)}{\Delta_i(k) + \rho\Delta(\max)} \quad (\rho \in (0,1);\ k = 1,2,\cdots,\ m)$$

其中 ρ 为分辨系数，引入该系数是为了提高关联系数之间的差异显著性。

（四）关联度的计算与比较

由于 $\xi_{ji}(k)$ 只能反映出点和点之间的相关性，相关性信息分散，不便于表现数列间的相关性，因此，需要把 $\xi_{ji}(k)$ 整合起来，所以我们定义

$$r_{ji} = \frac{\sum\limits_{k=1}^{n} \xi_{ji}(k)}{n}$$

变量 r_{ji} 我们称之为相关度,结合实际背景,有正面作用的我们称之为正相关,有负面作用的,我们称之为负相关。$|r_{ji}| > 0.7$ 我们称之为强相关,$|r_{ji}| < 0.3$ 我们称之为弱相关。

灰色关联分析方法由于以发展态势为立足点,因此对样本量的多少没有过分的要求,也不需要典型的分布规律,计算量少到甚至可用手算,且不致出现关联度的量化结果与定性分析不一致的情况。因此,灰色方法已应用到农业经济、水利、宏观经济等各方面,都取得了较好的效果。

关联分析的优点在于无须变量总体服从正态分布,也无须样本量较大,操作也较为简单,但应用还是挺有效的。但也要注意一点,灰色关联只能将各个自变量与因变量的关联大小排序,其关联度无实在意义,也没有办法说明关联度是否显著。

第五节 方差分析

一、方法使用的背景

一个复杂的事物,其中往往有许多因素互相制约又互相依存。方差分析的目的是通过数据分析找出对该事物有显著影响的因素,各因素之间的交互作用,以及显著影响因素的最佳水平等。具体来说,在生产实践和科学研究中,经常要研究生产条件或试验条件的改变对产品的质量和产量有无影响。例如,在农业生产中,需要考虑品种、施肥量、种植密度等因素对农作物收获量的影响;又如,某产品在不同的地区、不同的时期、采用不同的销售方式,其销售量是否有差异,在诸影响因素中哪些因素是主要的,哪些因素是次要的,以及主要因素处于何种状态时,才能使农作物的产量和产品的销售量达到一个较高的水平。

二、单因素方差分析

只考虑一个因素 A 对所关心的指标的影响,取 A 几个水平,在每个水平上作若干个试验,试验过程中除 A 外其他影响指标的因素都保持不变(只有随机因素存在),我们的任务是从试验结果推断,因素对 A 指标有无显著影响,即当取 A 不同水平时指标有无显著差别。

A 取某个水平下的指标视为随机变量,判断取 A 不同水平时指标有无显著差别,相当于检验若干总体的均值是否相等。

（一）数学模型

设 A 取 r 个水平 A_1，A_2，$\cdots$，A_r，在水平 A_i 下总体 x_i 服从正态分布

$N(\mu_i,\ \sigma^2)(i=1\,2,\cdots,\ r)$，这里 μ_i, σ^2 未知，μ_i 可以互不相同，但假定 x_i 有相同的方差，又设在每个水平 A_1 下做了 n_i 次独立试验，即从中抽取容量为 n_i 的样本，记为 $x_{ij}(j=1,2,\cdots,\ n_i)$，$x_{ij}$ 服从 $N(\mu_i,\ \sigma^2)(i=1,2,\cdots,\ r;\ j=1,2,\cdots,\ n_i)$，且相互独立。

将第 i 行称为第 i 组数据，判断 A 的 J 个水平对指标有无显著影响，相当于要做以下的假设检验：

$H_0:\mu_1=\mu_2=\cdots=\mu_r$；$H_1:\mu_1,\ \mu_2,\cdots,\ \mu_r$ 不全相等

由于 x_{ij} 的取值既受不同水平 A_i 的影响，又受 A_i 固定下随机因素的影响，所以将它分解为

$$x_{ij}=\mu_i+\varepsilon_{ij}\quad(i=1,2,\cdots,\ r;\ j=1,2,\cdots,\ n_i)$$

其中 $\varepsilon_{ij}\sim N(0,\ \sigma^2)$，且相互独立，记

$$\mu=\frac{1}{n}\sum_{i=1}^{r}n_i\mu_i$$

$$n=\sum_{i=1}^{r}n_i$$

$$\alpha_i=\mu_i-\mu\quad(i=1,2,\cdots,\ r)$$

μ 是总均值，α_i 是水平 A_i 对指标的效应。以上两式模型可表述为

$$\begin{cases}x_{ij}=\mu+\alpha_i+\varepsilon_{ij}\\\sum_{i=1}^{r}\alpha_i=0\\\varepsilon_{ij}\sim N(0,\sigma^2)\quad(i=1,2,\cdots,r;j=1,2,\cdots,n_i)\end{cases}$$

原假设为

$$H_0:\alpha_1=\alpha_2=\cdots=\alpha_r=0$$

（二）统计分析

记

$$\bar{x}_{i.}=\frac{1}{n_i}\sum_{j=1}^{n_i}x_{ij}$$

$$\bar{x}=\frac{1}{n}\sum_{i=1}^{r}\sum_{j=1}^{n_i}x_{ij}$$

$\bar{x}_i$ 是第 i 组数据的组平均值，$\bar{x}$ 是总平均值。考察全体数据对 $\bar{x}$ 的偏差平方和

$$S_T = \sum_{i=1}^{r}\sum_{j=1}^{n_i}\left(x_{ij}-\bar{x}\right)^2$$

经分解可得

$$S_T = \sum_{i=1}^{r} n_i\left(\bar{x}_{i\cdot}-\bar{x}\right)^2 + \sum_{i=1}^{r}\sum_{j=1}^{n_i}\left(x_{ij}-\bar{x}_{i\cdot}\right)^2$$

则

$$S_T = S_A + S_E$$

S_A是各组均值对总方差的偏差平方和，称为组间平方和；S_E是各组内的数据对均值偏差平方和的总和。S_A反映 A 不同水平间的差异，S_E则表示在同一水平下随机误差的大小。

注意到$\sum_{j=1}^{n_i}\left(x_{ij}-\bar{x}_{i\cdot}\right)^2$是总体$N\left(\mu_i,\ \sigma^2\right)$的样本房差的$n_i-1$倍，于是有

$$\sum_{j=1}^{n_i}\left(x_{ij}-\bar{x}_i\cdot\right)^2/\sigma^2 \sim \chi^2(n_i-1)$$

由χ^2分布的可加性知

$$S_E/\sigma^2 \sim \chi^2\left(\sum_{i=1}^{r}(n_i-1)\right)$$

即

$$S_E/\sigma^2 \sim \chi^2(n-r)$$

且有

$$ES_E = (n-r)\sigma^2$$

对S_A做进一步分析可得

$$ES_A = (r-1)\sigma^2 + \sum_{i=1}^{r} n_i\alpha_i^2$$

当H_0成立时

$$ES_A = (r-1)\sigma^2$$

可知若H_0成立，S_A只反映随机波动。而若H_0不成立，那它就还反映了A的不同水平的效应α_i。单从数值上看，当H_0成立时，由上面式子对于一次试验应有

$$\frac{S_A/(r-1)}{S_E/(n-r)}\approx 1$$

而当H_0不成立时，这个比值将远大于 1；当H_0成立时，该比值服从自由度$n_1=r-1$，$n_2=(n-r)$的 F 分布，即

$$F = \frac{S_A/(r-1)}{S_E/(n-r)} \sim F(r-1,\ n-r)$$

为检验H_0，给定显著性水平α，记 F 分布的$1-\alpha$分位数为$F_{1-a}(r-1,(n-r))$，检验规

则为：$F < F_{1-a}(r-1,(n-r))$ 时接受 H_0；否则拒绝。

以上对 S_A，S_E，S_T 的分析相当于对组间、组内等方差的分析，所以这种假设检验方法称为方差分析。

（三）方差分析表

将试验数据按上述分析、计算的结果排成表8-5的形式，称为单因素方差分析表。

表8-5　单因素方差分析表

方差来源	平方和	自由度	均方	$1-p_r$ 分位数	概率
因素 A	S_A	$r-1$	$\overline{S_A} = \dfrac{S_A}{r-1}$	$F_{1-p_r}(r-1,\ n-r)$	p_r
误差	S_E	$n-r$	$S_E = \dfrac{S_E}{n-r}$		
总和	S_T	$n-1$			

最后一列给出大于 F 值的概率 p_r，$F_{1-p_r} < F_{1-a}(r-1,(n-r))$ 相当于 $p_r > \alpha$。

方差分析一般用的显著性水平是：取 $\alpha = 0.01$，拒绝 H_0，称因素 A 的影响（或 A 各水平的差异）非常显著；取 $a=0.01$，不拒绝 H_0，但取 $a=0.05$，拒绝 H_0，称因素 A 的影响显著；取 $a=0.05$，不拒绝 H_0，称因素 A 无显著影响。

三、双因素方差分析

如果要考虑两个因素 A，B 对指标的影响，A，B 各划分几个水平，对每一个水平组合做若干次试验，对所得数据进行方差分析，检验两因素是否分别对指标有显著影响，或者还要进一步检验两因素是否对指标有显著的交互影响。

（一）数学模型

设 A 取 r 个水平 A_1，$A_2,\cdots,$ A_r，B 取 s 个水平 B_1，$B_2,\cdots,$ B_s，在水平组合 $(A_i,\ B_j)$ 下总体 x_{ij} 服从正态分布 $N(\mu_{ij},\ \sigma^2)(i=1,2,\cdots,\ r;\ j=1,2,\cdots,\ s)$；又设在水平组合 $(A_i,\ B_j)$ 下做了 t 个试验，所得结果记为 x_{ijk}，x_{ijk} 服从 $N(\mu_{ij},\ \sigma^2)(i=1,2,\cdots,\ r;\ j=1,2,\cdots,\ s;\ k=1,2,\cdots,\ t)$，且相互独立。

将 x_{ijk} 分解为

$$x_{ijk} = \mu_{ij} + \varepsilon_{ijk}\quad (i=1,2,\cdots,\ r;\ j=1,2,\cdots,\ s;\ k=1,2,\cdots,\ t)$$

其中 $\varepsilon_{ijk} \sim N(0,\ \sigma^2)$，且相互独立，记

$$\mu = \frac{1}{rs}\sum_{i=1}^{r}\sum_{j=1}^{3}\mu_{ij}$$

$$\mu_{i.} = \frac{1}{s}\sum_{j=1}^{s}\mu_{ij}$$
$$\alpha_i = \mu_{i.} - \mu$$

$$\mu_{.j} = \frac{1}{r}\sum_{i=1}^{r}\mu_{ij}$$

$$\beta_j = \mu_{.j} - \mu$$

$$\gamma_{ij} = \mu_{ij} - \mu - \alpha_i - \beta_j$$

μ是总均值，α_i是水平A_i对指标的效应，β_j是水平β_j对指标的交互效应，模型表为

$$\begin{cases} x_{ijk} = \mu + \alpha_i + \beta_j + \gamma_{ij} + \varepsilon_{ijk} \\ \sum_{i=1}^{r}\alpha_i = 0, \sum_{j=1}^{s}\beta_j = 0, \sum_{i=1}^{r}\gamma_{ij} = \sum_{j=1}^{s}\gamma_{ij} = 0 \\ \varepsilon_{ijk} \sim N\left(0, \ \sigma^2\right)(i=1,2,\cdots, \ r; \ j=1,2,\cdots, \ s; \ k=1,2,\cdots, \ t) \end{cases}$$

原假设为

$$H_{01}: \alpha_i = 0(i=1,2\cdots,r)$$
$$H_{02}: \beta_j = 0(j=1,2\cdots,s)$$
$$H_{03}: \gamma_{ij} = 0(i=1,2,\cdots, \ r; \ j=1,2,\cdots, \ s)$$

（二）无交互作用的双因素方差分析

如果根据经验或某种分析能够事先判定两因素之间没有交互作用，每组试验就不必重复，即可令$t=1$，过程大为简化。

假设$\gamma_{ij}=0$，于是

$$\mu_{ij} = \mu + \alpha_i + \beta_j \quad (i=1,2,\cdots, \ r; \ j=1,2,\cdots, \ s)$$

此时上述模型表可改写为

$$\begin{cases} x_{ij} = \mu + \alpha_i + \beta_j + \varepsilon_{ij} \\ \sum_{i=1}^{r}\alpha_i = 0, \sum_{j=1}^{j}\beta_j = 0 \\ \varepsilon_{ij} \sim N\left(0,\sigma^2\right)(i=1,2,\cdots, \ r; \ j=1,2,\cdots, \ s) \end{cases}$$

对这个模型我们所要检验的假设为H_{01}，H_{02}，下面采用与单因素方差分析模型类似的方法导出检验统计量。

记

$$\bar{x} = \frac{1}{rs}\sum_{i=1}^{r}\sum_{j=1}^{s}x_{ij}, \quad \bar{x}_{i.} = \frac{1}{s}\sum_{j=1}^{s}x_{ij}, \quad \bar{x}_{.j} = \frac{1}{r}\sum_{i=1}^{r}x_{ij}$$

$$S_T = \sum_{i=1}^{r}\sum_{j=1}^{s}\left(x_{ij} - \bar{x}\right)^2$$

其中S_T为全部试验数据的总变差，称为总平方和，对其进行分解

$$S_T = \sum_{i=1}^{r}\sum_{j=1}^{r}\left(x_{ij} - \bar{x}\right)^2 = \sum_{i=1}^{r}\sum_{x=1}^{s}\left(x_{ij} - \bar{x}_{i\cdot} - \bar{x}_{\cdot j} + \bar{x}\right)^2 + s\sum_{i=1}^{r}\left(\bar{x}_{i\cdot} - \bar{x}\right)^2 + r\sum_{j=1}^{s}\left(\bar{x}_{\cdot j} - \bar{x}\right)^2$$

$$= S_E + S_A + S_B$$

可以验证，在上述平方和分解中交叉项均为 0。其中

$$S_E = \sum_{i=1}^{r}\sum_{x=1}^{s}\left(x_{ij} - \bar{x}_{i\cdot} - \bar{x}_{\cdot j} + \bar{x}\right)^2$$

$$S_A = s\sum_{i=1}^{r}\left(\bar{x}_{i\cdot} - \bar{x}\right)^2, \quad S_B = r\sum_{j=1}^{x}\left(\bar{x}_{\cdot j} - \bar{x}\right)^2$$

我们先来看看S_A的统计意义，因为$\bar{x}_{i\cdot}$是水平A_i下所有观测值的平均，所以$\sum_{i=1}^{r}\left(\bar{x}_{i\cdot} - \bar{x}\right)^2$反映了$\bar{x}_{1\cdot}$，$\bar{x}_{2\cdot}$,…，$\bar{x}_{r\cdot}$差异的程度。这种差异是由于因素$A$的不同水平所引起的，因此$S_A$称为因素$A$的平方和，类似地，$S_B$称为因素$B$的平方和，至于$S_E$的意义不甚明显，我们可以这样来理解：因为

$$S_E = S_T - S_A - S_B$$

在我们所考虑的两因素问题中，除了因素A和B之外，剩余的再没有其他系统性因素的影响，因此从总平方和中减去S_A和S_B之后，剩下的数据变差只能归入随机误差，故S_E反映了试验的随机误差。

有了总平方和的分解式

$$S_T = S_E + S_A + S_B$$

以及各个平方和的统计意义，我们就可以明白，H_{01}假设的检验统计量应取为S_A与S_E的比。

和一元方差分析相类似，可以证明，当H_{01}成立时，

$$F_A = \frac{\dfrac{S_A}{r-1}}{\dfrac{S_E}{(r-1)(s-1)}} \sim F(r-1,(r-1)(s-1))$$

当H_{02}成立时，

$$F_B = \frac{\dfrac{S_B}{s-1}}{\dfrac{S_E}{(r-1)(s-1)}} \sim F(s-1,(r-1)(s-1))$$

检验规则为

$F_A < F_{1-a}(r-1,(r-1)(s-1))$时接受$H_{01}$；否则拒绝$H_{01}$。

$F_B < F_{1-a}(s-1,(r-1)(s-1))$ 时接受 H_{02}；否则拒绝 H_{02}。

由此可以写出方差分析表，如表8-6所示。

表8-6　无交互效应的双因素方差分析表

方差来源	平方和	自由度	均方	F 比
因素 A	S_A	$r-1$	$\bar{S}_A = \dfrac{S_A}{r-1}$	$\dfrac{\bar{S}_A}{\bar{S}_E}$
因素 B	S_B	$s-1$	$\bar{S}_B = \dfrac{S_B}{s-1}$	$\dfrac{\bar{S}_B}{\bar{S}_E}$
误差	S_E	$(r-1)(s-1)$	$\bar{S}_E = \dfrac{S_E}{(r-1)(s-1)}$	
总和	S_T	$rs-1$		

（三）有交互作用的双因素方差分析

与前面方法类似，记

$$\bar{x} = \frac{1}{rst}\sum_{i=1}^{r}\sum_{j=1}^{s}\sum_{k=1}^{t} x_{ijk}$$

$$\bar{x}_{ij\cdot} = \frac{1}{t}\sum_{k=1}^{t} x_{ijk}$$

$$\bar{x}_{i\cdot\cdot} = \frac{1}{st}\sum_{j=1}^{s}\sum_{k=1}^{t} x_{ijk}$$

$$\bar{x}_{\cdot j\cdot} = \frac{1}{rt}\sum_{i=1}^{r}\sum_{k=1}^{t} x_{ijk}$$

将全体数据对三的偏差平方和

$$S_T = \sum_{i=1}^{r}\sum_{j=1}^{s}\sum_{k=1}^{t} \left(x_{ijk} - \bar{x}\right)^2$$

进行分解，可得

$$S_T = S_E + S_A + S_B + S_{AB}$$

其中

$$S_E = \sum_{i=1}^{r}\sum_{j=1}^{t}\sum_{k=1}^{t} \left(x_{ijk} - \bar{x}_{ij}\cdot\right)^2$$

$$S_A = st\sum_{i=1}^{r} \left(\bar{x}_i\cdot\cdot - \bar{x}\right)^2$$

$$S_B = r\sum_{j=1}^{x} \left(\bar{x}_{\cdot j+} - \bar{x}\right)^2$$

$$S_{AB} = t\sum_{i=1}^{r}\sum_{j=1}^{s}\left(\bar{x}_{ij}\cdot - \bar{x}_{i}\cdot\cdot - \bar{x}_{\cdot j} + \bar{x}^2\right)$$

称 S_E 为误差平方和，S_A 为因素 A 的平方和，S_B 为因素 B 的平方和，S_{AB} 为交互作用的平方和。

可以证明，当 H_{03} 成立时

$$F_{AB} = \frac{\dfrac{S_{AB}}{(r-1)(s-1)}}{\dfrac{S_E}{rs(t-1)}} \sim F((r-1)(s-1),\ rs(t-1))$$

据此统计量，可以检验 H_{03}。

检验因子 A 和 B 的各个水平的效应是否有差异，与上述检验一样。

方差分析可以对每个因素都进行具体的分析，得出其影响效应，并且可以得出因素与因素之间的交互作用，以及显著影响因素的最佳水平等，在实际生活中具有极其广泛的应用。

方差分析使用时的几个假定条件，需要注意一下：①各处理条件下的样本是随机的；②各处理条件下的样本是相互独立的；③各处理条件下的样本分别来自正态分布总体，否则使用非参数分析；④各处理条件下的样本方差相同，且具有齐效性。一旦不满足上述条件，方差分析就不能使用，此时应该选用非参数统计中的 H 检验、M 检验以及其他方法。

第六节　层次分析法

一、方法使用的背景

层次分析法（AHP），在20世纪70年代中期由美国运筹学家托马斯·塞蒂正式提出，它是一种定性和定量相结合的、系统化、层次化的分析方法。由于它在处理复杂的决策问题上的实用性和有效性，很快在世界范围得到重视，它的应用已遍及经济计划和管理、能源政策和分配、行为科学、军事指挥、运输、农业、教育、人才、医疗和环境等领域。

层次分析法的基本思路与人对一个复杂的决策问题的思维、判断过程大体上是一样的，不妨以假期旅游为例：假如有3个旅游胜地 A，B，C 供你选择，你会根据诸如景色、费用和居住、饮食、旅途条件等一些准则去反复比较这3个候选地点。首先，你会确定这些准则在你的心目中各占多大比重，如果你经济宽绰、醉心旅游，自然特别看重景色条件；而平素俭朴或手头拮据的人则会优先考虑费用；中老年旅游者还会对居住、饮食等条件寄以较大关注。其次，你会就每一个准则将3个地点进行对比，如A景色最好，B次之；B费用最低，C次之；C居住等条件较好。最后，你要将这两个层次的比较判断进行综合，在A，B，C中确定哪个作为最佳地点。

二、数学理论介绍

层次分析法具体步骤如下。

（一）建立层次结构模型

在深入分析实际问题的基础上，将有关的各个因素按照不同属性自上而下地分解成若干层次，同一层的诸因素从属于上一层的因素或对上层因素有影响，同时又支配下一层的因素或受到下层因素的作用。最上层为目标层，通常只有1个因素；最下层通常为方案或对象层；中间可以有一个或几个层次，通常为准则或指标层，当准则过多时（如多于9个）应进一步分解出子准则层。

（二）构造成对比较阵

从层次结构模型的第2层开始，对于从属于（或影响）上一层每个因素的同一层诸因素，用成对比较法和1～9比较尺度构造成对比较阵，直到最下层。

（三）计算权向量并做一致性检验

对于每一个成对比较阵计算最大特征根及对应特征向量，利用一致性指标、随机一致性指标和一致性比率做一致性检验。若检验通过，特征向量（归一化后）即为权向量；若不通过，需重新构造成对比较阵。

（四）计算组合权向量并做组合一致性检验

计算最下层对目标的组合权向量，并根据公式做组合一致性检验，若检验通过，则可按照组合权向量表示的结果进行决策；否则需要重新考虑模型或重新构造那些一致性比率较大的成对比较阵。

下面分别详尽地说明这4个步骤的实现过程：

第一步，建立层次结构模型，应用层次分析法分析决策问题时，首先要把问题条理化、层次化，构造出一个有层次的结构模型。在这个模型下，复杂问题被分解为元素的组成部分，这些元素又按其属性及关系形成若干层次，上一层次的元素作为准则对下一层次有关元素起支配作用。

这些层次可以分为三类。

1. 最高层

这一层次中只有一个元素，一般它是分析问题的预定目标或理想结果，因此也称为目标层。

2. 中间层

这一层次中包含了为实现目标所涉及的中间环节，它可以由若干个层次组成，包括所需考虑的准则、子准则，因此也称为准则层。

3. 最底层

这一层次包括了为实现目标可供选择的各种措施、决策方案等，因此也称为措施层或方案层。

递阶层次结构中的层次数与问题的复杂程度及需要分析的详尽程度有关。一般地，层次数不受限制，每一层次中各元素所支配的元素一般不要超过9个，这是因为支配的元素过多会给两两比较判断带来困难。

第二步，构造成对比较阵。层次结构反映了因素之间的关系，但准则层中的各准则在目标衡量中所占的比重并不一定相同，在决策者的心目中，它们各占有一定的比例。

在确定影响某因素的诸因子在该因素中所占的比重时，遇到的主要困难是这些比重常常不易定量化。此外，当影响某因素的因子较多时，直接考虑各因子对该因素有多大程度的影响时，常常会因考虑不周全、顾此失彼而使决策者提出与他实际认为的重要性程度不相一致的数据，甚至有可能提出一组隐含矛盾的数据。

为看清这一点，可作如下假设：将一块质量为1kg的石块砸成 n 小块，你可以精确称出它们的质量，设为叫 w_1, w_2,…, w_n，现在，请人估计这 n 小块的质量占总质量的比例（不能让他知道各小石块的质量），此人不仅很难给出精确的比值，而且完全可能因顾此失彼而提供彼此矛盾的数据。

设现在要比较 n 个因子 $X = \{x_1, x_2,…, x_n\}$ 对某因素 Z 的影响大小，怎样比较才能提供可信的数据呢？塞蒂等建议可以采取对因子进行两两比较建立成对比较矩阵的办法，即每次取两个因子 x_i 和 x_j，以知 a_{ij} 表示 x_i 和 x_j 对 Z 的影响大小之比，全部比较结果用矩阵 $A = \left(a_{ij}\right)_{n\times n}$ 表示，称 A 为 $Z-X$ 之间的成对比较判断矩阵（简称判断矩阵）。容易看出，若 x_i 与 x_j 对 Z 的影响之比为 a_{ij}，则 x_i 与 x_j 对 Z 的影响之比应为 $a_{ji} = \dfrac{1}{a_{ij}}$。

关于如何确定 a_{ij} 的值，塞蒂等建议引用数字 $1 \sim 9$ 及其倒数作为标度。表8-7列出了 $1 \sim 9$ 标度的含义。

表8-7　1～9标度的含义

标度	含义
1	表示两个因素相比,具有相同重要性
3	表示两个因素相比,前者比后者稍重要
5	表示两个因素相比,前者比后者明显重要
7	表示两个因素相比,前者比后者强烈重要
9	表示两个因素相比,前者比后者极端重要
2, 4, 6, 8	表示上述相邻判断的中间值
倒数	若因素i与因素j的重要性之比为a_{ij},那么因素j与因素i的重要性之比倒数为$a_{it}=\dfrac{1}{a_{ij}}$

从心理学观点来看,分级太多会超越人们的判断能力,既增加了做判断的难度,又容易因此而提供虚假数据。塞蒂等还用实验方法比较了在各种不同标度下人们判断结果的正确性,实验结果也表明,采用$1～9$标度最为合适。

第三步,对判断矩阵的一致性检验。

①计算一致性指标CI:

$$CI=\frac{\lambda_{\max}-n}{n-1}$$

②查找相应的平均随机一致性指标RI,对$n=1,2,\cdots,9$,塞蒂给出了RI的值,如表8-8所示。

表8-8　RI的值

n	1	2	3	4	5	6	7	8	9
RI	0	0	0.58	0.90	1.12	1.24	1.32	1.41	1.45

RI的值是这样得到的,用随机方法构造500个样本矩阵,随机地从$1～9$及其倒数中抽取数字构造正互反矩阵,求得最大特征根的平均值$\lambda'_{\max}$,并定义

$$RI=\frac{\lambda'_{\max}-n}{n-1}$$

③计算一致性比例CR。

$$CR=\frac{CI}{RI}$$

当$CR<0.1$时,认为判断矩阵的一致性是可以接受的;否则对应判断矩阵做适当修正。

第四步,对层次总排序做一致性检验,检验仍像层次总排序那样由高层到低层逐层进行。这是因为虽然各层次均已经过层次单排序的一致性检验,各成对比较判断矩阵都已具有较为满意的一致性。但当综合考察时,各层次的非一致性仍有可能积累起来,引起最终分析结果较严重的非一致性。

设 B 层中与 A_j 相关的因素的成对比较判断矩阵在单排序中经一致性检验，求得单排序一致性指标为 $CI(j),(j=1,2,\cdots,\ m)$，相应的平均随机一致性指标为 $RI(j)$ $(CI(j)$，$RI(j)$ 已在层次单排序时求得），则 B 层总排序随机一致性比例为

$$CR = {\textstyle\sum_{j=1}^{m}} CI(j)a_{ij} = {\textstyle\sum_{j=1}^{m}} RI(j)a_j$$

当 $CR < 0.1$ 时，认为层次总排序结果具有较满意的一致性并接受该分析结果。

三、实际应用

假设你已经去过几家主要的摩托车商店，基本确定将从三种车型中选购一种，你选择的标准主要有：价格、耗油量大小、舒适程度和外表美观情况。经反复思考比较，构造了它们之间的成对比较判断矩阵：

$$A = \begin{pmatrix} 1 & 3 & 7 & 8 \\ \frac{1}{3} & 1 & 5 & 5 \\ \frac{1}{7} & \frac{1}{5} & 1 & 3 \\ \frac{1}{8} & \frac{1}{5} & \frac{1}{3} & 1 \end{pmatrix}$$

三种车型（记为 a，b，c）关于价格、耗油量、舒适程度和外表美观情况的成对比较判断矩阵为

$$price = \begin{pmatrix} 1 & 2 & 3 \\ \frac{1}{2} & 1 & 2 \\ \frac{1}{3} & \frac{1}{2} & 1 \end{pmatrix} （价格）$$

$$con = \begin{pmatrix} 1 & \frac{1}{5} & \frac{1}{2} \\ 5 & 1 & 7 \\ 2 & \frac{1}{7} & 1 \end{pmatrix} （耗油量）$$

$$comfort = \begin{pmatrix} 1 & 3 & 5 \\ \frac{1}{3} & 1 & 4 \\ \frac{1}{5} & \frac{1}{4} & 1 \end{pmatrix} （舒适程度）$$

$$app = \begin{pmatrix} 1 & \dfrac{1}{5} & 3 \\ 5 & 1 & 7 \\ \dfrac{1}{3} & \dfrac{1}{7} & 1 \end{pmatrix}（外表）$$

试用层次分析法确定你对这三种车型的喜欢程度。

首先我们应建立层次结构模型，本问题的目标层0：选择一种车型；准则层C：价格、耗油量、舒适程度和外表美观情况；方案层：a，b，c三种车型。

接下来计算准则层的判断矩阵的一致性比例：cr0 = 0.073 4 < 0.1，认为准则层判断矩阵的一致性是可以接受的。

方案层中的价格、耗油量、舒适程度和外表美观情况判断矩阵cr1 = 0.007 9，0.102 5，0.073 9，0.055 9，除0.102 5（约等于0.1）稍大于0.1外，其他均小于0.1，认为方案层判断矩阵的一致性是可以接受的。

故对三种车型的总体满意度为第二种车型 (b) 最高，为0.441 6。

层次分析法把研究对象作为一个系统，按照分解、比较判断、综合的思维方式进行决策，成为继机理分析、统计分析之后发展起来的系统分析的重要工具，其简洁实用、所需定量数据信息较少。在如今对科学方法的评价中，一般都认为一门科学需要比较严格的数学论证和完善的定量方法，但现实世界的问题和人脑考虑问题的过程很多时候并不能简单地用数字来说明一切的，层次分析法是一种带有模拟人脑决策方式的方法，因此必然带有较多的定性色彩。

层次分析法中成对比较矩阵带有很强的主观性，比较结果一般较为模糊，所以一定要做一致性检验。层次分析法在权重确定上有其优越性，正因为如此，不少研究者将层次分析法与模糊综合评价、优劣解距离法（TOPSIS）等评价方法结合在一起。

参考文献

[1] 郑勋烨. 数学建模实验 [M]. 西安：西安交通大学出版社，2018.

[2] 许建强，李俊玲. 数学建模及其应用 [M]. 上海：上海交通大学出版社，2018.

[3] 沈文选，杨清桃. 数学建模尝试 [M]. 哈尔滨：哈尔滨工业大学出版社，2018.

[4] 刘铁，杨婧，曹显斌. 中学数学建模方法 [M]. 成都：西南交通大学出版社，2018.

[5] 曹建莉，肖留超，程涛. 数学建模与数学实验 [M]. 2版. 西安：西安电子科技大学出版社，2018.

[6] 闫岩，夏英，杨秀桃. 数学建模研究与应用 [M]. 北京：北京工业大学出版社，2018.

[7] 王爱文，黄静静，魏传华，等. 数学建模方法与软件实现 [M]. 北京：中央民族大学出版社，2018.

[8] 卓金武，王鸿钧. MATLAB 数学建模方法与实践 [M]. 3版. 北京：北京航空航天大学出版社，2018.

[9] 周华任，陈玉金，毛自森，等. 大学生数学建模竞赛获奖优秀论文评析 [M]. 南京：东南大学出版社，2018.

[10] 胡京爽，范兴奎. 数学模型建模方法及其应用 [M]. 北京：北京理工大学出版社，2018.

[11] 余绍权，杨迪威. 数学建模实验基础 [M]. 武汉：中国地质大学出版社，2019.

[12] 梁进，陈雄达，张华隆，等. 数学建模讲义 [M]. 上海：上海科学技术出版社，2019.

[13] 谢中华. MATLAB 与数学建模 [M]. 北京：北京航空航天大学出版社，2019.

[14] 郝志峰. 数据科学与数学建模 [M]. 武汉：华中科技大学出版社，2019.

[15] 王积建. 全国大学生数学建模竞赛试题研究：第3册 [M]. 北京：国防工业出版社，2019.

[16] 史加荣. MATLAB 程序设计及数学实验与建模 [M]. 西安：西安电子科技大学出版社，2019.

[17] 梁进，陈雄达，钱志坚，等. 数学建模 [M]. 北京：人民邮电出版社，2019.

[18] 张运杰，陈国艳. 数学建模 [M]. 2版. 大连：大连海事大学出版社，2019.

[19] 张明成，沙旭东，戴洪峰. 数学建模方法及应用 [M]. 济南：山东人民出版社，2019.

[20] 韩明，张积林，李林，等. 数学建模案例 [M]. 2版. 上海：同济大学出版社，2020.

[21] 王惊涛. 中职数学建模 [M]. 长春：吉林大学出版社，2020.

[22] 常发友. 数学建模与高中数学教学 [M]. 长春：吉林人民出版社，2020.

[23] 葛倩，李秀珍. 微积分 [M]. 北京：北京邮电大学出版社，2020.

[24] 马艳英，胡文娟. 数学建模的多元化应用研究 [M]. 长春：吉林大学出版社，2020.

[25] 王海. 数学建模典型应用案例及理论分析 [M]. 上海：上海科学技术出版社，2020.

[26] 洪艳，龚斌．将数学建模思想融入数学教学之中 [M]．长春：吉林人民出版社，2020.

[27] 赵静，但琦．数学建模与数学实验 [M]．4 版．北京：高等教育出版社，2014.

[28] 祁永强．数学建模 [M]．北京：科学出版社，2020.